Prem Jose Vazhacharickal
Sajeshkumar N.K.
Jiby John Mathew

Sequenciação e caraterização genética

Prem Jose Vazhacharickal
Sajeshkumar N.K.
Jiby John Mathew

Sequenciação e caraterização genética

Componentes principais do ADN do Banana bunchy top virus em Kerala

ScienciaScripts

Imprint

Any brand names and product names mentioned in this book are subject to trademark, brand or patent protection and are trademarks or registered trademarks of their respective holders. The use of brand names, product names, common names, trade names, product descriptions etc. even without a particular marking in this work is in no way to be construed to mean that such names may be regarded as unrestricted in respect of trademark and brand protection legislation and could thus be used by anyone.

Cover image: www.ingimage.com

This book is a translation from the original published under ISBN 978-620-2-06777-5.

Publisher:
Sciencia Scripts
is a trademark of
Dodo Books Indian Ocean Ltd. and OmniScriptum S.R.L publishing group

120 High Road, East Finchley, London, N2 9ED, United Kingdom
Str. Armeneasca 28/1, office 1, Chisinau MD-2012, Republic of Moldova, Europe
Printed at: see last page
ISBN: 978-620-7-94468-2

Índice

AGRADECIMENTOS

Em primeiro lugar, agradecemos a **Deus Todo-Poderoso**, cuja bênção esteve sempre connosco e nos ajudou a concluir com êxito este trabalho de projeto.

Gostaríamos de agradecer ao nosso querido Diretor, **Rev. P. Dr. George Njarakunnel,** ao Respeitado Reitor **Dr. Joseph V. J,** ao Vice-Reitor **P. Joseph Allencheril,** ao Ecónomo **Shaji Augustine** e à Direção por providenciarem todas as facilidades necessárias para a realização do estudo. Expressamos os nossos sinceros agradecimentos ao **Sr. Binoy A Mulanthra** (responsável pelo laboratório, Departamento de Biotecnologia) pelo seu apoio. Este trabalho de investigação não seria possível sem a cooperação de muitos agricultores.

Estamos gratamente gratos aos nossos professores, pais, irmãos e amigos que estiveram sempre presentes para nos ajudar neste projeto.

Prem Jose Vazhacharickal*, Sajeshkumar N.K e Jiby John Mathew

*Endereço para correspondência

Professor Assistente

Departamento de Biotecnologia

Colégio Mar Augusthinose

Ramapuram-686576

Kerala, Índia

premjosev@gmail.com

Lista de abreviaturas

°C	: Centigrade
µl	: Microliter
µM	: Micromole
ABTV	: Abaca bunchy top virus
BBTD	: Banana bunchy top disease
BBTV	: Banana bunchy top virus
BFDV	: Beak and feather disease virus
CCV	: Cardamom clump virus
CFDV	: Coconut foliar decay virus
Clink	: Cell cycle link protein
CP	: Coat protein
CR-M	: Major common region
CR-SL	: Common region stem-loop
cssDNA	: Circular single stranded DNA
CTAB	: Cetyltrimethyl ethyl ammonium bromide
DNA	: Deoxyribo nucleic acid
dNTPs	: Deoxyribo nucleoside triphosphate
EDTA	: Ethylenediaminetetraacetic acid
FBNYV	: Faba bean necrotic yellow virus
g	: Gram
GFP	: Green fluorescent protein
kDa	: Killo Dalton
L	: Liter
M	: Molar
MDV	: Milk vetch dwarf virus
$MgCl_2$	: Magnesium choloride
mL	: Miligram
mM	: Milimole
MP	: Movement protein
M-Rep	: Master replication initiation protein

NaCl	: Sodium chloride
NPT	: Nucleotide tirphosphate
NSP	: Nuclear-shuttle protein
ORF	: Open reading frame
PCR	: Polymerase chain reaction
pM	: Picomole
PVC	: Porcine circovirus
Rep	: Replication initiation protein
RNA	: Ribonucleic acid
RNAi	: RNA interference
SCSV	: Subterranean clover stunt virus
SCSV	: Subterranean clover stunt virus
SDS	: Sodium dodecyl sulphate
SEL	: Size-exclusion limit
TE	: Tris-EDTA

Sequenciação e caraterização genética dos principais componentes de ADN do Banana bunchy top virus em Kerala

Prem Jose Vazhacharickal[1] *, Sajeshkumar N.K[1] , Jiby John Mathew[1] e Wilson Sebastian[1]

* premjosev@gmail.com

[1]Departamento de Biotecnologia, Colégio Mar Augusthinose, Ramapuram, Kerala, Índia-686576

Resumo

A banana (género Musa) é uma importante cultura económica e alimentar. As plantas de banana são atacadas por muitos agentes patogénicos bacterianos, fúngicos e virais. Um dos agentes patogénicos virais mais importantes da bananeira é o Banana bunchy top virus (BBTV), que causa a doença do topo do cacho da bananeira (BBTD). Na Índia, a indústria da banana tem enfrentado o problema do BBTV desde o final da década de 1980, quando uma grave epidemia causou perdas económicas drásticas. O genoma do BBTV compreende pelo menos seis componentes integrais de moléculas circulares de ADN de cadeia simples (cssDNA), cada uma com cerca de 1 Kb de tamanho. O BBTV pertence ao género Babuvirusin Nanoviridae, uma das três famílias de vírus de cssDNA. É transmitido pelo pulgão preto da bananeira *Pentalonia nigronervosa* Coq. As informações sobre o BBTV em Kerala são limitadas. É extremamente importante isolar e caraterizar o vírus que infecta as culturas de banana em Kerala. Para caraterizar o BBTV de Kerala, o ADN-R de um isolado de vários distritos de Kerala foi amplificado por PCR, clonado e sequenciado. A análise dos componentes genómicos do ADN-R revelou subgrupos de BBTV em Kerala. Com base no ADN-R, os isolados de Kerala pertencem ao subgrupo do Pacífico Sul. A análise das sequências dos componentes genómicos revelou diferentes níveis de conservação das sequências, o que indica que estão sujeitos a diferentes graus de pressão evolutiva. A análise filogenética do BBTV e de outros vírus cssDNA mostrou que os membros da família *Nanoviridae* partilham uma relação ancestral comum entre si, bem como com a *família Geminiviridae* e a *família Circovirdae*. O DNA-R poderia ser utilizado para desenvolver um vetor baseado em RNAi contra a região codificadora do Rep.

Palavras-chave: Bunchy top; BBTV; Caracterização genética; PCR; RFLP; ELISA.

1. Introdução

A banana é uma importante cultura económica e alimentar. A bananeira pertence ao género *Musa da* família "*Musaceae*", uma família monocotiledónea. Existem três espécies de banana comercialmente importantes: a *Musa acuminate* Colla ou "banana do deserto", que é consumida madura e crua; a segunda é a *Musa X paradisiacal* (syn. *Musa sapientum* L.) ou "banana-da-terra", consumida verde depois de cozinhada. A terceira é a *Musa textiles* Nees, também designada por *Abaca*, que é utilizada como cultura de fibras. As bananeiras são propagadas vegetativamente e são cultivadas em todos os sistemas agrícolas tropicais.

A produção de banana depende da gestão das doenças, para além dos solos e dos fertilizantes aplicados (Dale, 1987). Embora muitos agentes patogénicos bacterianos e fúngicos sejam economicamente importantes para a bananeira, o agente patogénico mais devastador continua a ser o *Banana bunchy top virus* (BBTV), que ameaça a produção em todas as principais áreas de cultivo de bananas do mundo (Jones, 2000; Carlier et al., 2000; Aritua et al., 2008; Helliot et al., 2002; Harper, 2004).

O BBTV causa a doença do topo do cacho da bananeira (BBTD), uma doença com sintomas distintos, incluindo as estrias verde-escuras na parte inferior da nervura central e, mais tarde, nas nervuras secundárias da folha. Estas estrias são constituídas por uma série de "pontos" e linhas curtas, frequentemente designadas por estrias em "código morse". As ventosas que se desenvolvem após a infeção são geralmente muito atrofiadas, resultando em folhas "agrupadas" no topo do caule. Devido a este aspeto de cacho no topo da planta, a doença foi designada como "doença do topo do cacho da bananeira". Mais tarde, as folhas tornam-se curtas, rígidas, erectas e mais estreitas do que o normal, e apresentam amarelecimento ou clorose marginal, que mais tarde se transforma em necrose ou queimadura. Isto leva a uma situação em que não há produção de frutos ou mesmo em que o cacho não emerge do pseudocaule, resultando numa diminuição drástica da produção (Dale, 1987; Jones, 2000; Carlier et al., 2000; Aritua et al., 2008).

O BBTV pertence a uma das três famílias que contêm vírus de cssDNA, a *Nanoviridae*. Esta família tem dois géneros: o *Babuvirusto*, ao qual pertencem o BBTV, o *Abaca bunchy top virus* e, provavelmente, o *Cardamom clump virus*; e o género *Nanovirus*, que tem três espécies virais, ou seja, o *Faba bean yellows necrotic virus* (FBNYV), o *Milk vetch dwarf virus* (MDV) e o *Subterranean clover stunt virus* (SCSV) (Vetten *et al.,* 2005; Timchenko et al., 2006). As outras duas famílias incluem os *Geminiviridae* que infectam plantas e os *Circoviridae* que infectam invertebrados. As estratégias moleculares básicas e os genes são semelhantes nestes vírus ssDNA, o que indica as suas relações evolutivas, pelo que o conhecimento de um vírus fornece pistas funcionais para outros vírus relacionados. As abordagens filogenéticas podem ser utilizadas para estudar as suas relações.

A filogenética é o estudo das relações evolutivas entre diferentes espécies que têm um antepassado comum. Estas relações são apresentadas sob a forma de árvores filogenéticas compostas por ramos que indicam os descendentes e nós que representam os antepassados comuns mais recentes. As abordagens filogenéticas têm sido utilizadas nas sequências de ADN e de proteínas para determinar as relações ancestrais dos organismos vivos sob a forma de uma árvore da vida (Forterre e Philippe 1999; Philippe e Forterre, 1999). Estas abordagens baseadas em sequências foram também utilizadas para estudar as relações entre diferentes vírus e consideradas mais fiáveis do que outras abordagens não baseadas em sequências (Bawden et al., 2000; McGeoch et al., 1995; Davison, 2002). Além disso, a análise filogenética multigénica é mais fiável do que a análise de um único gene, melhora a resolução da árvore e, por conseguinte, tem sido utilizada para estudar as relações entre diferentes organismos (Nickrent *et al.*, 2000; Kurtzman e Robnett, 2003; Dunn et al., 2008). A análise filogenética multigénica não foi comunicada para as famílias de vírus de cssDNA, o que teria permitido estudar mais pormenorizadamente as suas relações mútuas.

O BBTV é um vírus limitado ao floema que se propaga através de ventosas de plantas infectadas e pelo seu único vetor, a *Pentalonia nigronervosa* Coq (Ocfemia, 1930; Robson et al., 2007a; Robson et al., 2007b), que está normalmente associada à cultura da bananeira. O genoma do BBTV é composto por, pelo menos, seis componentes circulares de ADN de cadeia simples (ssDNA) com cerca de 1kB (Burns et al., 1995). Embora alguns componentes adicionais que codificam proteínas associadas à replicação também sejam encontrados de forma errática nalguns isolados, estes estão limitados ao subgrupo asiático (Horser et al., 2001a; Horser et al., 2001b; Bell et al., 2002). A "proteína mestra de iniciação da replicação" (M-Rep) viral é codificada pelo DNA-R (Karan et al., 1994; Harding *et al.*, 1993; Burns et al., 1995; Hyder et al., 2011). Esta proteína, embora tenha um motivo de ligação ao trifosfato de nucleótidos (NTP), não apresenta homologia com qualquer polimerase de ADN conhecida; é semelhante às proteínas Rep associadas aos plasmídeos de muitas bactérias gram positivas e gram negativas, que estão envolvidas na replicação em círculo rolante destes plasmídeos (Hafner et al., 1997a). Encontram-se também proteínas Rep semelhantes nos geminivírus (Laufs et al., 1995) e noutros nanovírus (Katul et al., 1995; Timchenko et al., 1999; Timchenko et al., 2006), indicando que os BBTV também se replicam através do processo de replicação em círculo rolante. A proteína de revestimento, que é uma proteína de 20 kDa, é codificada pelo ADN-S (Burns *et al.*, 1995; Wanitchakorn et al., 2000a; Wanitchakorn et al., 2000b). Esta proteína encapsida individualmente os componentes do ssDNA e é responsável pela interação com o vetor *P.nigronervosa*. O ADN-M codifica a proteína de movimento deste vírus, o que lhe permite espalhar-se sistematicamente dentro da planta, uma vez que foi referido que se associa ao complexo ssDNA e à proteína nuclear-shuttle (codificada pelo ADN-N) e os transloca para a periferia da célula (Wanitchakorn et al., 2000b). Para replicar eficazmente o ADN viral, o BBTV utiliza a proteína de ligação ao ciclo celular (Clink) codificada pelo ADN-C, que interage com as proteínas de ligação ao retinoblastoma (uma família de proteínas reguladoras do ciclo celular) através do seu motivo LXCXE e manipula o ciclo celular para melhorar a replicação viral (Wanitchakorn et al., 2000b).

1.1 Objectivos

Os objectivos deste estudo incluíram a amplificação baseada na PCR e a sequenciação dos principais componentes de um isolado de BBTV de Kerala e a determinação das relações filogenéticas com base nos componentes genómicos ADN-R, ADN -S e ADN -M. O segundo objetivo era aceder à variabilidade genética na população de BBTV em Kerala e construir pares de iniciadores PCR para identificação, caraterização e gestão do BBTV. Verificar a possibilidade de utilizar vectores de interferência de ARN contra a M-rep.

1.2 Âmbito do estudo

Os resultados do estudo podem esclarecer a infeção pelo BBTV em Kerala e ajudar a criar novas bananeiras livres de infecções por vírus.

1.3 Classificação taxonómica

Reino: Plantae-- planta, plantes, plantas, vegetal

Sub-reino: Tracheobionta -- plantas vasculares

Divisão: Magnoliophyta -- angiospérmicas, plantas com flores, fanerógamas

Classe: Liliopsida -- monocotiledóneas

Subclasse: Zingiberidae

Ordem: Zingiberales

Família: Musaceae - banana

Género: Musa L

Espécies: *Musa acuminate/Musa colla/Musa paradiscica*

As bananas e os plátanos pertencem ao género Musa, da família Musaceae. O género tem cinco secções, nomeadamente Eumusa (x=11), Rhodochlamys (x = 11), Australimusa (x-10), Calimusa (x = 10) e incerte sedis (x= 7, 0). A grande maioria das bananas e plátanos cultivados pertence à secção "Euromusa" e teve origem na região tropical do Sudeste Asiático a partir de duas espécies selvagens - *Musa acuminate* Colla e *Musa balbisiana* Colla. Dependendo do seu nível de ploidia, possuem 22, 23 ou 44 cromossomas (x = 11). Os clones mais cultivados no comércio são os triplóides (2n = 3x = 33), que apresentam caraterísticas de crescimento mais vigorosas e maior rendimento do que os diplóides (2n=2x=22). Os clones tetraplóides (2n = 4x = 44) são bastante raros, mas os diplóides são frequentemente cultivados em zonas tropicais para consumo local e alguns são apreciados pelo seu fruto de bom sabor. O desenvolvimento de bananas comestíveis resultou inicialmente da seleção humana de variedades diplóides de M. acuminate que eram partenocárpicas. Mais tarde, a seleção foi feita para a infertilidade feminina, o que resultou em frutos com poucas ou nenhumas sementes. As cultivares diplóides (AA) deram origem, através da restituição nuclear durante a meiose, a cultivares triplóides (AAA).

2. Revisão da literatura

2.1 Banana

A banana é um fruto consumido e cultivado pela humanidade desde tempos remotos. Tem um sabor e um valor nutritivo muito bons. É enriquecida em hidratos de carbono, muitos elementos importantes e vitaminas. Pertence ao género Musa da família "Musaceae", uma família monocotiledónea com três géneros, os outros dois géneros são Ensete e Musella. Existem duas espécies principais de bananas, a *Musa acuminate* Colla, também designada por "banana de sobremesa", que se come madura e crua, e a Musa X paradisiacal, a que pertence a "banana-da-terra", que se come verde depois de cozinhada. A outra espécie deste género que é cultivada comercialmente é a abacá ou cânhamo de Manila (*Musa textiles* Nees). Este género é cultivado como uma cultura de fibras. Pensa-se que a banana é originária do Sudeste Asiático, onde é cultivada desde os primeiros tempos da agricultura estabelecida. Os primeiros registos escritos da cultura da banana são da Índia, nos épicos do cânone budista Pali de 500-600 a.C. Há também registos escritos do cultivo de bananas na Indonésia (cerca de 350 a.C.) e na China (cerca de 200 d.C.) (Dale, 1987). Propaga-se vegetativamente principalmente a partir dos rebentos ou "bocados". Cada pseudocaule da bananeira produz um cacho antes de ser substituído pelo rebento mais forte da base. Estes rebentos são também utilizados para plantar novas áreas. Este modo de propagação é muito intrigante quando se consideram as infecções virais sistémicas. A banana tornou-se uma das culturas frutícolas mais importantes do mundo. É cultivada em todos os tipos de sistemas agrícolas tropicais, desde pequenas hortas mistas de subsistência até grandes monoculturas de empresas. O rendimento depende não só da qualidade do solo e da fertilização, mas também, em grande medida, do controlo das doenças (Dale, 1987).

Existem muitas doenças economicamente importantes da bananeira. Estas incluem doenças bacterianas como a podridão mole bacteriana do rizoma, do pseudocaule e a murchidão bacteriana. As espécies de fungos, ou seja, *Fusarium oxysporum* e *F. cubense*, causam a murchidão de fusarium, que é uma doença altamente prejudicial para a bananeira (Thangavelu et al., 2004; Groenewald et al., 2006). As doenças virais são ainda mais devastadoras para a plantação de bananas. Até à data, foram comunicados e caracterizados seis vírus de espécies de Musa. Estes incluem o Banana bunchy top virus, o Cucumber mosaic virus, o Banana bract mosaic virus, o Abaca mosaic virus, o Banana mild mosaic virus e o Banana streak virus; no entanto, também foram reconhecidos outros vírus não caracterizados. Alguns dos vírus caracterizados são economicamente importantes, mas entre estes o BBTV é o vírus mais devastador e, por conseguinte, mais importante (Jones, 2000; Carlier et al., 2000).

2.2 Doença do topo do cacho da bananeira, etiologia e epidemiologia

O BBTV provoca a doença do topo do cacho da bananeira (BBTD). É uma doença limitada ao floema com sintomas caraterísticos, que são muito claros na infeção tardia, mas é razoavelmente difícil identificar as plantas recentemente infectadas no campo com base nos sintomas iniciais. A primeira folha com sintomas desenvolve estrias verde-escuras de comprimento variável nas nervuras, nervuras centrais e pecíolos da folha. Estas estrias e pontilhados são frequentemente descritos como um padrão de "código Morse", que é caraterístico da BBTD. Após o aparecimento destes sintomas, as folhas subsequentes tornam-se progressivamente anãs e desenvolvem clorose marginal ou amarelecimento. À medida que a doença se desenvolve, as folhas tornam-se mais direitas e formam um arranjo semelhante a uma multidão, formando um cacho no ápice da planta. Devido a esta disposição modificada da planta infetada, foi designada como doença do cacho da bananeira. Dependendo da altura da infeção, a planta pode não produzir frutos ou mesmo o cacho pode não emergir do pseudocaule (Dale, 1987). O efeito global da infeção é a redução severa do crescimento da planta e a ausência ou grande diminuição da produção de frutos.

Inicialmente, presumiu-se que a BBTD era causada por um luteovírus com base nas caraterísticas biológicas da doença, ou seja, transmissão persistente por afídeos, floema danificado e causador de doença do tipo amarelecimento (Dale, 1986; Dale, 1987). Outras provas do envolvimento de um luteovírus incluíram a associação de ARN de cadeia dupla com a doença e a purificação de partículas isométricas semelhantes a vírus (VLP) de 20 a 22 nm, contendo ARN de cadeia simples, a partir de plantas infectadas (Wu e Su, 1990). No entanto, o BBTV foi muito recentemente classificado na família de vírus Nanoviridae e no género Babuvirus, que são viriões isométricos, limitados ao floema e possuem um genoma de ADN circular de cadeia simples e multicomponente (Fauquet et al., 2005). A BBTD foi registada pela primeira vez nas ilhas Fiji em 1889. A doença estava provavelmente presente no país desde 1879. A doença BBTD espalhou-se rapidamente pelas Fiji e resultou num declínio da produção (Dale, 1987).

A BBTD foi notificada de Taiwan em 1900 e do Egito em 1901, mas a origem destes surtos é desconhecida. A doença foi registada no Sri Lanka e na Austrália pela primeira vez em 1913. Estas duas infecções tiveram provavelmente origem na importação de ventosas doentes das ilhas Fiji. Por volta de 1925, a indústria da banana australiana foi destruída por uma grave epidemia de BBTD, que provocou grandes perdas económicas. Outros relatos de infeção por BBTD vieram das ilhas Bonin, Ellice e Wallis durante 1920. O bunchy top foi provavelmente trazido do Sri Lanka para a Índia por volta de 1940. A história do bunchy top nas Filipinas remonta a 1910, quando foi registado pela primeira vez o bunchy top da abacá, mas só em 1960 é que foi registado em bananas. Também é registada na Ásia, na Índia, nas ilhas do Pacífico e em alguns países de África: Egito, Gabão e Congo (Dale, 1987).

2.3 Estatuto da BBTV na Índia

A infeção por BBTV é uma séria ameaça à agricultura indiana (Banerjee et al., 2014). Novos surtos de BBTV durante 2007-2010 em Kodur, Andhra Pradesh e Jalgaon, Maharashtra, Índia, causaram perdas de produção no valor de US $ 50 milhões por ano (Selvarajan e Balasubramanian, 2014; Selvarajan et al., 2015).

2.4 Vírus ssdna de plantas e banana bunchy top virus

Existem duas famílias de vírus de plantas Nanoviridae e Geminiviridae, que contêm ADN de cadeia simples (ssDNA) como genoma. Estas famílias utilizam estratégias de replicação semelhantes e possuem muitas proteínas que desempenham funções semelhantes. O conhecimento da função das proteínas de uma família fornece informações sobre a função das proteínas da outra família.

O BBTV é um vírus de ADN circular de cadeia simples (cssDNA) multicomponente. Pertence à família Nanoviridae, que contém o Faba bean yellows necrotic virus (FBNYV), o Milkvetch dwarf virus (MDV), o Subterranean clover stunt virus (SCSV) no género Nanovirus e o Banana bunchy top virus como espécie-tipo e um vírus ainda não classificado, o Abaca bunchy top virus (ABTV) no género Babuvirus. O Coconut foliar decay virus (CFDV), pertencente a esta família, ainda não foi classificado em nenhum género (Vetten et al., 2005), enquanto o estatuto do Cardamom clump virus (CCV), recentemente notificado, como estirpe do BBTV ou como nova espécie membro do género Babuvirus continua por esclarecer. Estes vírus são transmitidos por afídeos, com exceção do CFDV, que é transmitido pelo fungo fitófago e infecta plantas monocotiledóneas. Os babuvírus infectam plantas monocotiledóneas, enquanto os nanovírus infectam plantas dicotiledóneas.

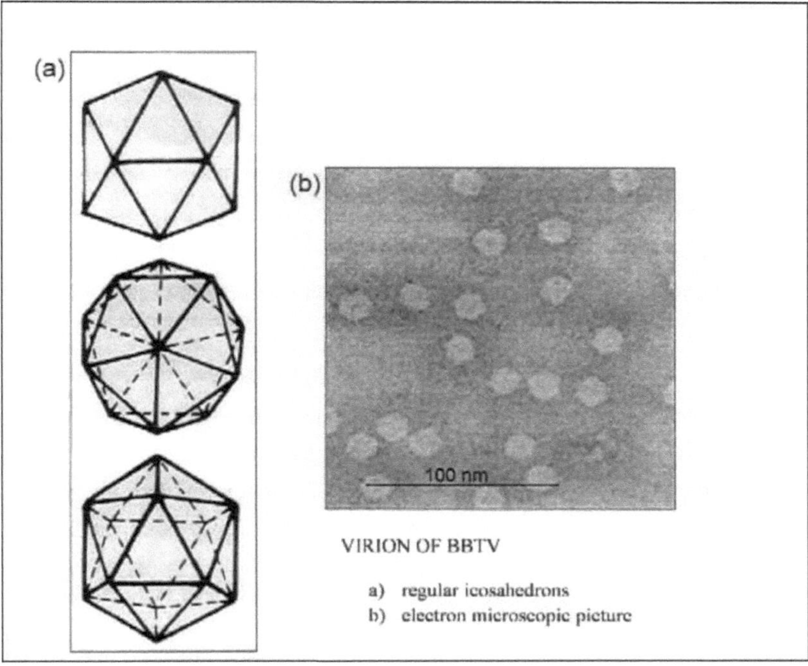

Figura 1. Estrutura do BBTV determinada por microscópio eletrónico (adaptado de Hyder et al., 2011).

Os segundos vírus que infectam plantas da família Gemini viridae têm quatro géneros: Begomovirus, Mastrevirus, Curtovirus e Topocuvirus. Os vírus Gemini têm como genoma um ou dois componentes de ssDNA com 2 700 a 3 000 nt de comprimento. Os begomovírus infectam plantas dicotiledóneas e são transmitidos pela mosca branca, enquanto os mastrevírus e os curtovírus são transmitidos por diferentes cigarrinhas e os topocuvirus pela cigarrinha das árvores.

Uma família de vírus de ssDNA que infecta animais, a Circoviridae, também tem semelhanças notáveis com estas duas famílias de vírus que infectam plantas. A Circoviridae tem dois géneros, o Circo viru e o Gyro virus. Propõe-se que o Beak and feather disease virus (FBDV) e o Porcinecirco virus (PCV), pertencentes aos cirovírus, sejam os intermediários entre os anovírus e os geminivírus (Niagro et al., 1998). Gibbs e Weiller (1999) estudaram as sequências de Reps de circovírus e sugeriram que a parte N-terminal destes Reps é adquirida por vírus infectantes de vertebrados a partir de Reps de nanovírus através de um possível processo de recombinação.

2.4.1 Componentes genómicos

Os nanovírus contêm seis a oito componentes de ssDNA como componentes genómicos integrais, DNA-R, -S, -M, -C e -N, que codificam a proteína de iniciação da replicação principal (M-Rep), a proteína do capsídeo (CP), a proteína de movimento (MP), a proteína de ligação do ciclo celular (Clink) e a proteína de ligação nuclear (NSP), respetivamente (Harding et al, 1993; Katul et al.,1995; Katul et al.,1998; Burns et al., 1995; Wanitchakorn et al., 2000b; Timchenko et al., 2000; Horser et al., 2001a; Vasiljeva et al., 2000; Sano et al., 1998). Enquanto os DNA-U1, -U2, -U3, -U4 e -U5 codificam as proteínas para as quais ainda não foi estabelecida qualquer função.

Os componentes associados aos nanovírus contêm uma única estrutura de leitura aberta (ORF) no sentido do virião com caixas TATA e sinais de poliadenilação adequadamente localizados, exceto no caso do ADN-R do BBTV, que contém uma segunda ORF de U5, localizada internamente à ORF principal da M-Rep e do CFDV, para o qual se propõe que as proteínas M-Rep e CP sejam transcritas a partir do mesmo componente (Rohde et al, 1990; Sano et al., 1998; Beetham et al., 1997; Beetham et al., 1999; Gronenborn, 2004; Herrera-Valencia et al., 2007).

A distribuição dos componentes com função desconhecida varia entre os membros da família Nanoviridae, o DNA-U1 está associado a todos os membros do nanovírus, enquanto o DNA-U2 ao FBNYV e MDV e o DNA-U4 apenas ao FBNYV. O DNA-U3 e o produto do DNA-U5ORF estão associados apenas ao vírus BBTV (Vetten et al., 2005). Ao contrário do DNA-R, alguns componentes adicionais que codificam a proteína associada à replicação (Rep) também estão associados aos isolados de babuvirus e nanovirus, mas estas proteínas Rep só podem replicar o seu ADN cognato, mas não qualquer outro ADN genómico heterólogo (Timchenkoet al., 1999). A dependência da encapsidação e da transmissão de componentes genómicos importantes e a associação ocasional com vírus de ssDNA sugerem a natureza satélite destes rep DNAs (Vetten et al., 2005; Timchenko et al., 2006). Também se encontram ADNs de repetição adicionais semelhantes associados à família de vírus ssDNA, os Geminiviridae.

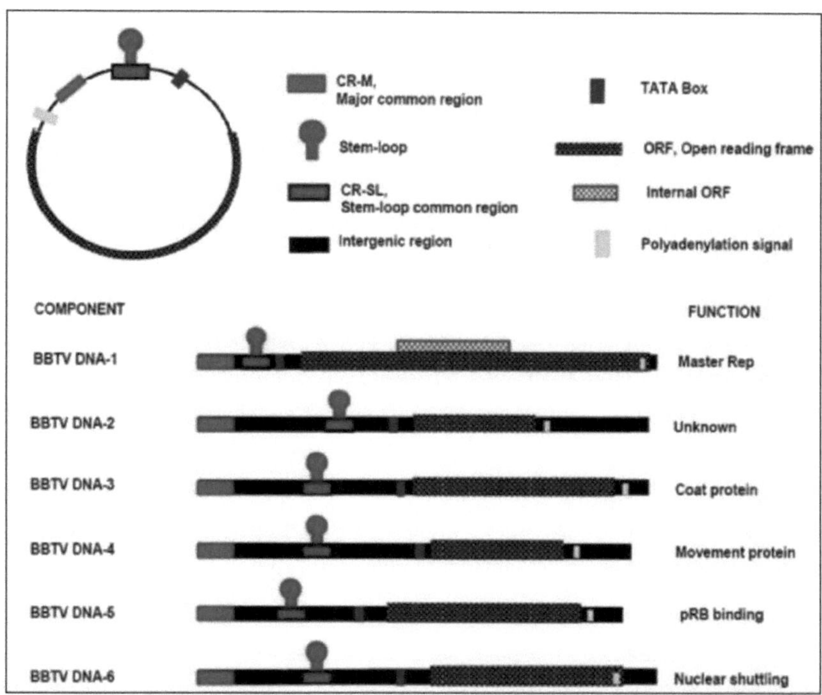

Figura 2. Componentes genómicos do BBTV (adaptado de Elayabalan et al., 2015).

Os geminivírus têm genomas monopartidos ou bipartidos. Os geminivírus economicamente mais importantes pertencem ao grupo dos begomorivírus. A maioria dos begomovírus tem um genoma bipartido, contendo dois componentes de ssDNA que são expressos tanto na orientação sensorial como na complementar. Estes componentes são designados por ADN A e ADN B. O ADN A contém os genes para a replicação, o reforço da replicação, a PC e a transmissão por insectos, enquanto o ADN B codifica a MP. Os vírus monopartidos não possuem o ADN B e talvez dependam de factores do hospedeiro para o movimento célula-a-célula. Em alguns begomovírus monopartidos, está também associado um ssDNA satélite denominado ADN β, que é necessário para induzir sintomas típicos da doença no hospedeiro, mas este ADN β depende do ADN A para a replicação, transmissão e movimento. Outro tipo de ADN do tipo satélite encontra-se associado a alguns complexos begomovírus-DNA β (Briddon et al., 2004), que codifica uma proteína associada à replicação que pode replicar o seu próprio ADN, semelhante aos Reps dos nanovírus. Supõe-se que estes ADNs do tipo satélite ou ADN 1 tenham uma origem comum com os Reps dos nanovírus.

2.4.2 As proteínas e as suas funções

A M-Rep do BBTV, uma proteína de 33,6 kDa (Harding et al., 1993), contém um motivo conservado de ligação ao trifosfato de nucleótidos (NTP), GGEGKT, que também se encontra em proteínas envolvidas na replicação em círculo rolante numa série de vírus de ADN e ARN (Gorbalenya et al., 1990). A M-Rep não tem qualquer atividade de polimerização de NTPs nem tem semelhança de sequência com qualquer polimerase de ADN; em vez disso, estas são as proteínas de iniciação da replicação que demonstraram ter atividade de nicking e de joining. A atividade de nicking é o passo inicial para o início da replicação em círculo rolante através da qual se propõe que o BBTV se replique, à semelhança das proteínas Rep envolvidas na replicação dos geminivírus (Laufs et al., 1995). O "nick" na sequência do loop do cssDNA resulta na disponibilidade da extremidade 3', que é então estendida pela polimerase do ADN hospedeiro utilizando um suporte complementar como molde, seguido da junção dos comprimentos unitários recém-sintetizados pela atividade de junção desta proteína MRep multifuncional, resultando no cssDNA pronto para ser embalado no capsídeo (Laufs et al., 1995).

Embora existam proteínas Rep adicionais associadas ao BBTV e a outros nanovírus, estas proteínas Rep só são capazes de replicar o seu ADN cognato e não qualquer outro ADN genómico (Horser et al., 2001), enquanto as M-Rep podem iniciar não só a replicação do seu próprio ADN, mas também de outros componentes do genoma viral, pelo que são designadas por proteínas mestras de iniciação da replicação (Timchenko et al., 1999). As actividades da M-Rep dependem das interações específicas entre motivos de sequência conservados denominados iterões na CR-SL dos principais componentes genómicos e a proteína M-Rep, um aspeto investigado em pormenor nos geminivírus (Lazarowitz et al., 1992; Arguello-Astorga et al.,1994a; Arguello-Astorga et al., 1994b). Os motivos de conservação semelhantes não se encontram nos repDNAs, pelo que apenas o Rep cognato pode iniciar a replicação destes DNAs e, por sua vez, estes Rep não podem replicar outros componentes genómicos devido à falta desta interação específica.

A U3 encontrada apenas no genoma do BBTV é uma proteína de 9,0 kDa para a qual ainda não foi encontrada qualquer função. Pensava-se que o ADN U3, anteriormente designado por ADN-2 do BBTV, não tinha capacidade de codificação (Burns et al., 1995), mas Beetham et al. (1999) demonstraram que este componente é transcrito e pode codificar uma proteína, para a qual ainda não foi elucidada qualquer função. O CP do BBTV tem uma massa molecular de 19,3 kDa e forma partículas virais isométricas de 18-20 nm (Wanitchakorn et al., 1997; Wanitchakorn et al., 2000a). Os anticorpos policlonais gerados contra os vírus purificados do BBTV podem detetar o BBTV dos grupos da Ásia e do Pacífico Sul, o que indica que, embora exista variabilidade da sequência de ADN entre os dois grupos, do ponto de vista serológico são semelhantes (Thomas e Dietzgen, 1991).

Um desafio para uma infeção sistémica bem sucedida é ultrapassar a barreira física colocada pela parede celular das plantas. Embora as células das plantas estejam ligadas através dos plasmodesmatas, esta ligação é demasiado pequena para transportar as partículas ou o genoma do vírus. Os vírus utilizam diferentes estratégias para resolver este problema. Por exemplo, existem proteínas de movimento viral, que podem aumentar o limite de exclusão de tamanho (SEL) dos plasmodesmatas e facilitar o transporte de partículas de vírus e do genoma para infetar células distantes (Lazarowitz, 1999; Lazarowitz e Beachy, 1999). O ADN-M do BBTV codifica uma MP de 13,8 kDa. Esta proteína tem um terminal N hidrofóbico que pode associar esta proteína à membrana plasmática. Num estudo, demonstrou-se que a MP do BBTV fusionada com GFP se restringe apenas à periferia da célula (Wanitechakorn et al., 2000b). O segundo aspeto do movimento do vírus de célula para célula consiste em transferir as partículas ou o genoma do vírus do núcleo, onde ocorre a replicação, para a periferia da célula. Nos nanovírus, a proteína nuclear-shuttle efectua este movimento. No BBTV, a DNA-Nencodifica uma NSP de 17,4 kDa, que pode ligar o ssDNA viral e transportar este ssDNA para fora do núcleo, onde este complexo NSP-DNA é translocado do citoplasma para a periferia da célula pela proteína MP (Wanitechakorn et al., 2000b). Esta estratégia é semelhante à dos geminivírus, que também utilizam duas proteínas que desempenham funções semelhantes (Sanderfoot e Lazarowitz, 1995; Sudarshana et al., 1998). Assim, a MP e a NSP trabalham em conjunto para o movimento do vírus no interior da planta e constituem uma parte importante do ciclo de vida do vírus.

Os vírus replicam-se no núcleo utilizando a maquinaria e os recursos da célula hospedeira. Os asnanovírus são limitados pelo floema e replicam-se nestas células diferenciadas, pelo que precisam de apanhar estas células numa fase do ciclo celular que favoreça mais a sua replicação. De facto, foi demonstrado que tanto os vírus de mamíferos como os de plantas codificam proteínas que podem modular o ciclo celular (Lageix et al., 2007). Os geminivírus e os nanovírus codificam uma proteína denominada proteína Clink (cell-cycle linke), que modula o ciclo celular através da interação com os reguladores do ciclo celular. Os principais reguladores pertencem à família das proteínas relacionadas com o retinoblastoma (RBR), que podem envolver factores de transcrição E2F/DP e manter o ciclo celular no ponto de controlo G1/S (Desvoyes et al., 2006). A proteína Clink pode ligar-se à RBR através do seu motivo LxCxE e libertar a célula do ponto de controlo G1/S, progredindo para a fase S e induzindo a replicação do ADN viral (Lageix et al., 2007). O BBTV Clink tem 18,9 kDa e pode ligar-se às proteínas RBR através do seu motivo LxCxE e modular o ciclo celular (Wanitchakorn et al., 2000b). Outros nanovírus também codificam a Clink para a mesma função (Aronson et al., 2000).

Embora o BBTV e outros nanovírus codifiquem um pequeno número de proteínas, parece que estas proteínas desempenham funções diversas das de outras proteínas de vírus ssDNA e formam interações importantes com as proteínas da célula hospedeira. Foi demonstrado, no caso do geminivírus da anã do trigo, que a sua Rep também modula o ciclo celular através da ligação à família de proteínas RBR, uma função semelhante à da proteína Clink (Xie et al., 1995; Arguello-Astorga et al., 2004). Também se propõe que a M-Rep no FBNYV esteja a regular a sua própria expressão (Grigoraset al., 2008). Do mesmo modo, Timchenko et al. (2006) demonstraram que estes componentes integrais são suficientes para a indução de sintomas e a produção de partículas de vírus na planta hospedeira, introduzindo artificialmente os componentes integrais do FBNYV nas células hospedeiras. No entanto, estes vírus ainda não são transmissíveis a outras plantas através dos seus vectores eficientes, o que indica a presença de outros componentes/proteínas ainda não descobertos ou de factores do hospedeiro necessários para a transmissão.

2.4.3 Regiões de regulamentação

A organização estrutural dos componentes genómicos dos membros da família Nanoviridae é semelhante. Contêm uma região conservada semelhante à região estruturalmente conservada dos Geminivírus (Fontes et al., 1994; Gutierrez, 1999), que possui sequências iteradas envolvidas na replicação destes componentes (Herrera-Valencia et al., 2006). Dentro desta região conservada está localizada uma estrutura de laço em haste com uma sequência de laço invariante TA(G/T)TATTAC, encontrada em todos os Nanoviridaevírus, que é a origem da replicação (ori) para a replicação em círculo rolante pela qual se propõe que estes vírus sejam replicados (Timchenko et al., 1999). Esta região conservada é designada por "common regions stem loop" (CR-SL) (Burns et al., 1995; Katul et al., 1997). Recentemente, foi demonstrado que três iterões F1, F2 e R1 de uma sequência iterada GGGAC estão presentes em todos os componentes de um isolado australiano de BBTV (Herrera-Valencia et al., 2006). Através de estudos mutacionais, foi demonstrado que estes iterões são os locais necessários para a replicação eficiente de todos os componentes pela M-Rep, que se liga a estes iterões. Uma estratégia semelhante é utilizada pelos geminivírus, onde este processo foi descrito em pormenor (Arguello-Astorga et al., 1994a; Arguello-Astorga et al., 1994b; Fontes et al., 1994).

As ORFs codificantes encontram-se a 3' da CR-SL em todos os componentes, enquanto uma segunda região conservada, denominada região comum principal (CR-M), está localizada a 5' da CR-SL. Esta região tem comprimentos diferentes em todos os componentes integrais e partilha 76% de homologia nucleotídica entre todos os componentes. Contém uma região de repetição de 16 nucleótidos e uma caixa rica em GC semelhante ao elemento promotor do geminivírus do nanismo do trigo (Burns et al., 1995). Esta região é o local onde os primers de ssDNA se encontram associados nos viriões, e inicia a síntese da formação de dsDNA transcricionalmente ativo depois de entrar nas células hospedeiras. Estes iniciadores parecem ter origem no ADN-C do BBTV. Esta estratégia de ativação da síntese de dsDNA transcricionalmente ativo através da utilização de iniciadores indígenas é exclusiva do BBTV. Verificou-se que nenhum outro nanovírus utilizou esta estratégia, embora se encontre uma analogia em alguns dos geminivírus que utilizam o mesmo mecanismo (Donson et al, 1984). Foi demonstrado que as regiões intergénicas dos nanovírus têm atividade promotora (Rohde et al., 1995; Dugdale et al., 1998; Dugdale et al., 2000). No BBTV, a atividade promotora está localizada na região não codificadora e estes promotores apresentam uma atividade limitada ao floema, o que é consistente com a observação de que o BBTV é um vírus limitado ao floema.

2.4.4 Variabilidade genética

A variabilidade genética foi estudada relativamente ao BBTV. Os isolados do BBTV estão divididos em dois subgrupos com base na análise filogenética da sua diversidade genética efectuada por Karan et al. (1994). Estes subgrupos são o grupo do Pacífico Sul (isolados da Austrália, Burundi, Egito, Fiji, Índia, Tonga e Soma Ocidental) e o grupo asiático (isolados das Filipinas, Taiwan e Vietnam). No grupo do Pacífico Sul, existe um máximo de apenas 3,8 por cento e uma média de 1,9 por cento de diferença de sequência de nucleótidos dentro do grupo em toda a sequência de nucleótidos, enquanto nos isolados do grupo asiático estes valores são de 4,2 por cento e 3,0 por cento, respetivamente. Há um mínimo de 8,6% e uma média de 9,6% (aproximadamente 10%) de diferença de sequência de nucleótidos entre os isolados dos dois grupos. Algumas partes das sequências diferem mais do que outras. A proteína M-Rep difere em cerca de 5 por cento entre os dois grupos (Karan et al., 1994). A análise das sequências do ADN-R do BBTV dos isolados do Vietname mostra que a variação das sequências no Vietname é aproximadamente o dobro da registada anteriormente para os isolados asiáticos do BBTV. Além disso, as sequências foram separadas em dois subgrupos geográficos que, em geral, se correlacionavam com as regiões norte ou sul do Vietname (Bell et al., 2002). Furuya et al. (2005) clonaram e analisaram o BBTV-R de sete isolados encontrados em diferentes regiões do Japão. Todos estes isolados têm um elevado grau de homologia entre si e mostram uma relação mais estreita com os membros do grupo asiático com base na análise das sequências de comprimento total e CR-M.

Foi também analisada a variabilidade genética baseada no ADN-S que codifica a PC do BBTV. Wanitchakorn et al. (2000a) registaram a presença destes dois grupos através da análise da sequência do ADN-S do BBTV, que diferem em média 11,8% ao longo de toda a sequência de nucleótidos. Karan et al. (1997) também registaram os mesmos dois grupos com base na variabilidade da sequência do DNA-N do BBTV. Estes dois grupos diferem em média 14,5 por cento ao longo de toda a sequência de nucleótidos.

2.4.5 Evolução da BBTV

Os vírus de ADN de cadeia simples são uma ferramenta importante para estudar a evolução dos vírus. Hughes (2004) propôs um tipo de evolução do tipo nascimento e morte nos nanovírus com base na análise da região de codificação dos componentes genómicos, indicando que estas proteínas podem ter evoluído a partir de um antepassado comum e depois mudado através do processo de mutação e recombinação. Sendo multicomponentes, existe também a possibilidade de rearranjo genético, o que foi recentemente demonstrado no BBTV, em que um isolado do grupo asiático tem os componentes semelhantes aos isolados do Pacífico Sul. Propõe-se que o CR-M do BBTV esteja a evoluir de forma concertada entre os diferentes componentes (Hu et al., 2007).

2.4.6 Controlo

O principal objetivo do esforço de investigação internacional sobre o BBTV é controlar o vírus e a propagação da doença. Foram adoptadas duas estratégias para o controlo do vírus: prevenção e resistência. A prevenção inclui a minimização e a exclusão, enquanto a resistência envolve a criação convencional e a engenharia genética.

3. Hipótese

O presente trabalho de investigação baseia-se na seguinte hipótese

1)   A infeção por BBTV existe em diferentes partes de Kerala

2)   As técnicas de deteção actuais podem sobrestimar ou subestimar a infeção pelo BBTV

4. Materiais e métodos

4.1 Área de estudo

O estado de Kerala cobre uma área de 38 863 km^2 , com uma densidade populacional de 859 habitantes por km^2 e distribuída por 14 distritos. O clima é caracterizado por ser tropical húmido e seco, com uma precipitação média anual de 2 817 ± 406 mm e uma temperatura média anual de 26,8°C (médias de 1871-2005; Krishnakumar et al., 2009). A precipitação máxima ocorre de junho a setembro, principalmente devido à Monção do Sudoeste, e as temperaturas são mais elevadas em maio e novembro.

4.2 Recolha de amostras

As variedades de cultivares de bananeira habitualmente cultivadas no Sul da Índia que apresentam sintomas caraterísticos da doença foram recolhidas em várias partes de KERALA. A avaliação da doença no campo baseou-se na expressão visual dos sintomas. Como controlo negativo, foram colhidas amostras de bananeiras saudáveis no campo e de plantas propagadas por cultura de tecidos. As amostras foram colhidas em diferentes partes de Kerala, as localizações das áreas de colheita de amostras foram registadas utilizando um Trimble Geoexplorer II (Trimble Navigation Ltd, Sunnyvale, Califórnia) e os dados foram transferidos utilizando o software GPS pathfinder Office (Trimble Navigation Ltd, Sunnyvale, Califórnia).

4.3 Seleção de material vegetal para extração de ADN viral

A distribuição das partículas virais na planta não é uniforme. Por exemplo, os meristemas em divisão contínua (meristema de rebento, meristema de raiz) estão isentos de vírus. Assim, os materiais vegetais de diferentes partes da bananeira variam na sua carga de partículas virais. É preferível utilizar material vegetal com elevado teor de partículas virais para obter melhores resultados na reação de PCR. O teste DAC-ELISA (do BBTV) realizado com amostras de tecido de diferentes partes de uma planta infetada fornecerá informações sobre a carga viral em diferentes tecidos da bananeira.

É difícil purificar um vírus de um tecido de bananeira infetado com vírus devido ao elevado teor de látex fenólico. Assim, o tampão de extração do vírus e o procedimento de extração têm uma influência importante na leitura do DAC-ELISA. Pela mesma razão, são utilizadas preparações virais impuras para anticorpos policlonais contra o VFCO. A reação inespecífica é elevada com estes anticorpos utilizados no ELISA. A variabilidade da sequência no gene da proteína do revestimento dos isolados do BBTV foi registada em várias partes do mundo. A variabilidade da sequência na proteína da bainha também deve influenciar o teste ELISA. Todos os factores acima mencionados podem ter uma influência significativa na leitura do DAC-ELISA.

4.4 Deteção do vírus por ensaio imunoabsorvente ligado a uma enzima (ELISA)

O princípio básico da técnica ELISA envolve a imobilização do antigénio numa superfície sólida ou a sua captura por anticorpos específicos ligados à superfície sólida e a sondagem com imunoglobulinas específicas portadoras de um marcador enzimático. A enzima retida no caso de uma reação positiva é detectada através da adição de um substrato adequado. A enzima converte o substrato num produto, que pode ser reconhecido pela sua cor. O teste ELISA é efectuado em vários formatos diferentes, dependendo do vírus-alvo e do material tecidular. O método ELISA de revestimento direto de antigénio (DAC) [também conhecido por antigénio retido na placa (PTA)] é o formato ELISA mais utilizado. O tecido foliar ou a seiva do pseudocaule de plantas de Musa podem ser utilizados para a deteção de vírus por ELISA. Embora os métodos baseados em ELISA sejam úteis para a deteção de CMV, BSV, BBrMV, BanMMV e BBTV em plantas, são menos sensíveis do que os métodos de deteção baseados em PCR. Foram descritos vários procedimentos ELSIA para a deteção de vírus que infectam as bananas. Os métodos que utilizamos regularmente no nosso laboratório são descritos a seguir.

4.4.1 Revestimento direto de antigénio (DAC-ELISA)

Este é o método ELISA mais simples, também designado por Antigen Coated Plate (ACP)-ELISA. O antigénio é ligado à superfície da placa. Na segunda etapa, utiliza-se um antissoro policlonal (anticorpo primário, normalmente produzido num coelho ou num ratinho) ou IgGs para detetar o antigénio homólogo preso. O anticorpo primário é detectado pelo anticorpo secundário marcado com enzima, produzido num animal diferente (cabra). Em seguida, é adicionado substrato enzimático para detetar as reacções positivas. A principal vantagem do DAC-ELISA é o facto de um anticorpo secundário (anti-coelho ou anti-camundongo) poder ser utilizado em vários sistemas. Este é o ensaio mais utilizado. No entanto, certos vírus não podem ser detectados pelo DAC-ELISA (como os vírus lúteos). Foram produzidos anticorpos policlonais contra o CMV num coelho. Na primeira etapa, o antigénio do vírus no extrato de seiva da folha liga-se à placa. Na segunda etapa, utiliza-se o anticorpo primário (anticorpos anti-CMV (coelho)) para detetar o antigénio do CMV ligado à placa. Na terceira etapa, utiliza-se o anticorpo secundário (anticorpos anti-coelho (cabra) marcados com fosfatase alcalina (ALP)) para detetar as reacções positivas. O substrato enzimático, p-nitro fenil fosfato (PNPP) é adicionado aos poços ELISA para desenvolver reacções positivas. O substrato torna-se amarelo escuro no caso de reacções positivas fortes e permanece incolor a amarelo claro nas reacções negativas e fracas, respetivamente. No sistema ALP, a diferença de cor entre a reação positiva e a reação negativa é difícil de ler visualmente. Para uma avaliação exacta dos resultados, as placas devem ser lidas num leitor de placas ELISA equipado com um filtro de 405 nm.

4.4.2 Materiais

• **Placas ELISA:** Existem várias marcas disponíveis. Recomenda-se a utilização de placas "Nunc-Maxisorp".

• **Micropipetas:** pipetas de canal único de 1-40 µl, 40-200 µl e 200-1000 µl. Pipeta multicanal de 40-200 µl. São preferíveis as que têm volumes ajustáveis.

• **Leitor de placas ELISA:** Manual ou automático, com filtro de 405 nm.

• anticorpos policlonais bbtv (coelho)(1^0 Ab); anticorpos anti-coelho (cabra) marcados com alcalina-fosfotase (ALP)(2^0 Ab).

• Almofarizes e pilões; pano de musselina; medidor de pH; p-nitrofenil fosfato (PNPP); caixa de luz;

Incubadora

Soluções

Tampão de carbonato ou tampão de revestimento, pH 9,6

Na_2CO_3 1,59 g

$NaHCO_3$ 2,93 g

Água destilada para 1 l [Não é necessário ajustar o pH]

Tampão fosfato salino (PBS), pH 7,4

Na_2HPO_4 2,38 g

KH_2PO_4 0,4 g

KCl 0,4 g

NaCl 16,0 g

Água destilada até 2 l

Não é necessário ajustar o pH

Solução salina tamponada com fosfato Tween (PBS-T)

PBS 1 l

Tween-20 0,5 ml

Tampão de anticorpos (PBS-TPO)

PBS-T 100 ml

Polivinilpirrolidona (PVP) 40.000 MW 2,0 gm

Ovalbumina 0,2 gm

Água destilada - Tween (dH2O-T)

Água destilada 2 l

Tween 20 (0,05% v/v) 1 ml

Tampão do substrato (tampão de dietanolamina) para o sistema ALP

Preparar dietanolamina a 10% em água destilada e ajustar o pH a 9,8 com con.HCl. Armazenar a 4 °C.

Solução de substrato

Preparar 0,5 mg/ml de p-nitrofenil fosfato (PNPP) em dietanolamina a 10%, pH 9,8. Esta solução deve ser preparada de fresco antes da utilização.

Procedimento DAC-ELISA

1.   **Revestir as placas ELISA com antigénio:** Triturar folhas de teste (bananeira) em tampão de revestimento de carbonato a uma taxa de 100 mg/ml de tampão (1:10 p/v) e dispensar 100 µl em cada poço da nova placa ELISA. Incubar a placa numa câmara húmida durante 1 h a 37 °C ou num frigorífico (4 °C) durante a noite.

2.   Lavar a placa com três mudas de PBS-T, deixando 3 minutos para cada lavagem.

3.   Distribuir 20µl de solução de bloqueio em cada poço da placa ELISA. Cobrir a placa, colocá-la numa câmara húmida e incubar a 37 °C durante 1 hora/45 minutos.

4.   Lavar a placa com três mudas de PBS-T, deixando 3 minutos para cada lavagem.

5.   Adicionar 200µl de I⁰ Absolution a cada poço da placa ELISA.

6.   Incubar a 4°C durante uma noite.

7.   Lavar a placa com três mudas de PBS-T, deixando 3 minutos para cada lavagem.

Deteção utilizando o sistema ALP

(Dependendo do sistema de deteção (ALP), selecionar o conjugado enzimático anti-coelho e o sistema de substrato).

1.   Diluir o conjugado ALP anti-coelho a 1:15.000 (v/v) (esta diluição depende do lote do conjugado) em PBS-TPO e dispensar 100 µl deste conjugado em cada poço da placa ELISA. Manter as placas numa câmara húmida e incubar a 37 0C durante 1 h ou num frigorífico (4 0C) durante a noite

2.   Lavar a placa com três mudas de PBS-T, deixando 3 minutos para cada lavagem.

3.   Adicionar 100 µl de substrato pNPP em cada poço, cobrir as placas e incubar no escuro à temperatura ambiente.

4.   Observar a placa numa caixa de luz com película de raios X para registar as alterações de cor. Medir a absorvância a 405 nm num leitor de placas ELISA

5.   Em caso de reação positiva, o substrato incolor passa a amarelo-claro e depois a amarelo-escuro. A cor amarela clara indica uma reação positiva fraca e a cor amarela profunda indica uma reação positiva forte. A reação pode ser interrompida adicionando 50 µl de NaOH 3M por poço.

6.   As amostras com valores de absorvância iguais ou superiores ao dobro da leitura da amostra saudável são consideradas positivas para o vírus.

4.4.3 Efeito da preparação de anticorpos no DAC-ELISA

Dois tipos de preparações de anticorpos preparados

1.   Elaborado em PBS-TPO,

2.   Preparados em tampão de extração contendo extrato de plantas saudáveis (isentas de vírus). Em seguida, são utilizados para DAC-ELISA.

4.4.5 Efeito do tampão de extração no DAC-ELISA

Extrato de planta preparado com diferentes tampões de extração

1.   Tampão de revestimento (tampão de carbonato),

2.   Tampão de revestimento +0,1% Na-DIECA,

3.   Tampão Tris 0,5M pH 7,5+0,1% Na-DIECA+5% Sacarose,

4.   Tampão Tris 0,5M pH 7,5+0,1% Na-DIECA+0,2% Soro bovino,

5.   Tampão Tris 0,5M pH 7,5+0,1% Na-DIECA+5% Sacarose+0,5% Leite desnatado,

6.   Tampão fosfato de potássio Ph 7,4 + 0,5% Na_2SO_3.

Em seguida, são utilizados para DAC-ELISA.

4.4.6 Efeito do tecido vegetal no DAC-ELISA

Foram selecionadas bananas de seis meses de idade com sintomas de infeção pelo VFCO.

As amostras de tecido foram recolhidas de diferentes partes da planta.

1. Ponta da primeira folha,

2. Primeira nervura mediana da folha,

3. Segunda folha,

4. Segunda nervura mediana da folha,

5. Terceira folha,

6. Mediana da terceira folha,

7. Caule

8. Raiz

9. Verme

Em seguida, são utilizados para DAC-ELISA.

4.5 Isolamento do ADN

4.5.1 Extração de ADN de células de folhas de bananeira (método CTAB)

1. Recolher os tecidos foliares das bananeiras que se suspeite estarem infectadas com o vírus da febre catarral ovina, lavar com água da torneira e eliminar a água da superfície.

2. Triturar 200 mg de tecido vegetal até obter uma pasta fina em cerca de 500 µl de tampão CTAB (tampão de extração pré-aquecido_65^0 c).

3. Transferir a mistura CTAB/extrato vegetal para um tubo de microcentrífuga.

4. Incubar a mistura CTAB/extrato vegetal durante cerca de 15 minutos a 55o C num banho de água (misturando ocasionalmente por inversão).

5. Após a incubação, centrifugar a mistura CTAB/extrato vegetal a 12000 g durante 5 min para centrifugar os resíduos celulares. Transferir o sobrenadante para tubos de microcentrífuga limpos.

6. Em cada tubo, adicionar 250 µl de clorofórmio: Álcool isoamílico (24:1) e misturar a solução por inversão. Após a mistura, centrifugar os tubos a 13000 rpm durante 1 min.

7. Transferir apenas a fase aquosa superior (que contém o ADN) para um tubo de microcentrífuga limpo.

8.   Repetir a extração com clorofórmio: Extração com álcool isoamílico.

9.   A cada tubo adicionar 50 µl de acetato de amónio 7,5 M seguido de 500 µl de etanol absoluto gelado.

10.   Inverter os tubos lentamente várias vezes para precipitar o ADN. Geralmente, o ADN pode ser visto a precipitar da solução.

11.   Os tubos foram colocados durante 1 hora a -20° C após a adição de etanol para precipitar o ADN.

12.   Após a precipitação, o ADN pode ser isolado centrifugando o tubo a 13000 rpm durante um minuto para formar um pellet.

13.   Remover o sobrenadante e lavar o sedimento de ADN adicionando duas mudas de etanol a 70 % gelado.

14.   Após a lavagem, centrifugar o ADN até formar um pellet, centrifugando a 13000 rpm durante 1 min.

15.   Retirar todo o sobrenadante e deixar secar o sedimento de ADN (cerca de 15 minutos).

16.   Ressuspender o ADN em água estéril sem DNase (aproximadamente 50-400 µl H2O (a quantidade de água necessária para dissolver o ADN pode variar, dependendo da quantidade isolada).

17.   Após a ressuspensão, o ADN é incubado a 65^0 C durante 20 minutos para destruir quaisquer DNases que possam estar presentes e armazenado a -20^0 C.

4.5.2 Extração por imersão do ADN/ARN viral (ácido nucleico total)

1.   Recolher os tecidos foliares das bananeiras que se suspeite estarem infectadas com o vírus da febre catarral ovina, lavar com água da torneira e eliminar a água da superfície.

2.   Adicionar 160/220 µl de tampão de extração de ADN + 20/40 ul de NaCl 5 M e 20/40 µl de CTAB/ NaCl (CTAB a 10% em NaCl 0,7 M) num eppendorf.

3.   Cortar 20 pedaços de secções transversais finas de tecido com uma faca afiada ou uma lâmina de barbear, transferir os pedaços de tecido para o eppendorf o mais rapidamente possível e mergulhar os pedaços no tampão de extração.

4.   Agitar o eppendorf e os pedaços de tecido de imersão durante 5 minutos à temperatura ambiente.

5.   Adicionar 200/400 µl de clorofórmio/álcool isoamílico (24:1) e agitar durante 2 min.

6.   Centrifugar o tubo a 15.000 g/5 min.

7.   Decantar 100/200 ul da suspensão aquosa sobrenadante para um eppendorf e adicionar 70/140 µl de isopropanol.

8.   Misturar ligeiramente e deixar repousar à temperatura ambiente ou a -20⁰ C durante 5~10 min.

9.   Centrifugar a 15.000 g/5 min e guardar o sedimento.

10.   Lavar cuidadosamente o sedimento com etanol a 70% para remover os resíduos de CTAB. Secar brevemente o sedimento e ressuspender em 50 µl de tampão TE e armazenar a -20⁰ c.

4.5.3 Extração de ácido nucleico total com fenol/clorofórmio/álcool isoamílico

1.   Triturar 1 g de amostra de banana congelada num almofariz e pilão refrigerados, utilizando 2 ml de tampão de extração, e centrifugar o extrato durante 2 minutos a 12 000 g.

2.   Recolher 300 µl de sobrenadante e adicionar 30 µl de SDS a 10% e 600µl de fenol/clorofórmio/álcool isoamílico (25:24:1).

3.   Agitar a mistura durante 1 min e centrifugar a 12.000 g durante 5 min

4.   Recolher a fase aquosa superior e adicionar volumes iguais de fenol/clorofórmio/álcool isoamílico e centrifugar a 12 000 g durante 5 minutos.

5.   Recolher a fase aquosa e adicionar acetato de sódio 3M a uma concentração final de 0,3 M e 2,5 volumes de etanol a 95% gelado e armazenar os tubos a -20°C durante 1 h.

6.   Em seguida, centrifugar a 12.000 g durante 10 minutos.

7.   Decantar cuidadosamente o etanol e adicionar 0,5 ml de etanol a 70% e centrifugar a 12.000 g durante 5 min.

8.   Decantar cuidadosamente o etanol e secar os tubos ao ar à temperatura ambiente ou a 37°C para remover os vestígios finais de etanol.

9.   Secar o sedimento à temperatura ambiente e ressuspender em 20 - 30 µl de tampão TE estéril e armazenar a amostra a -20⁰ C ou -70⁰ C até ser utilizada.

4.5.4 Extração normal de ADN viral (ácido nucleico total)

1.   Recolher as amostras de folhas de bananeiras infectadas com o BBTV.

2.   Cortar o tecido e triturar o tecido fresco diretamente num almofariz e pilão.

3.   Adicionar 3 ml de tampão de extração de ADN. Agitar a suspensão de tecidos.

4.   Transferir a suspensão para um tubo eppendorf de 1,5 ml e incubar a 55^0 c/1hr em banho-maria.

5.   Centrifugar o tubo a 6.000 rpm/5 min.

6.   Guardar o sobrenadante da seiva (800 *µl*), adicionar 100 µl de NaCl 5 M e incubar a 65^0 C/10 min.

7.   Adicionar um volume igual de clorofórmio/álcool isoamílico (24:1), misturar bem e centrifugar a 11.000 rpm/5 min, guardar a suspensão aquosa.

8.   Adicionar um volume igual de fenol/clorofórmio/álcool isoamílico (25:24:1). Misturar bem e centrifugar a 11.000 rpm/5 min, guardar a suspensão aquosa.

9.   Adicionar 0,6 volume de isopropanol para precipitar o ácido nucleico. Incubar a - 20^0 C/30 min. Centrifugar a 12.000 rpm/20 min.

10.   Lavar o sedimento com etanol a 70% para remover os resíduos de CTAB. Secar brevemente o sedimento e ressuspender em 100 µl de tampão TE.

11.   Armazenado a -20^0 C.

4.5.5 Extração de ADN de ápides

Introdução

O protocolo seguinte é um dos métodos mais antigos de extração de ADN e funciona bem com uma vasta gama de tecidos sólidos. As proteínas são digeridas com proteinase K e extraídas com fenol-clorofórmio. O ADN é então precipitado com etanol. O ADN resultante (10-50 µg) tem um peso molecular elevado e é um modelo adequado para uma reação em cadeia da polimerase (PCR) longa.

Materiais

1)   Tubos de microcentrífuga (1,5 mL).

2)   Banho-maria com agitação ou incubadora com assador.

3)   Microcentrífuga.

4)   Tampão de digestão do ADN: 50 *mMTris-HCl*, 100 *mMEDTA*, 100 *mMNaCl*, 1% SDS,

5)   pH 8,0.

6)   Proteinase K: 0,5 mg/mL em tampão de digestão do ADN.

7)	Fenol/clorofórmio/álcool isoamílico (25 24 1).

8)	100% EtOH.

9)	70% EtOH.

10)Tampão TE: 10 *mMTris-HCl*, 1 *mMEDTA*, pH 8,0.

Procedimento

1)	Colocar 0,1 a 0,5 g de tecido num tubo de microcentrífuga de polipropileno.

2)	Adicionar 0,5 ml de tampão de digestão do ADN com proteinase K.

3)	Incubar durante a noite a 50 - 55°C com agitação suave.

4)	Centrifugar os tubos durante 5 s a *500* g para recolher a mistura no fundo do tubo.

5)	Adicionar 0,7 mL de fenol/clorofórmio/álcool isoamílico (25:24:1).

6)	Misturar por inversão durante 1 h (não agitar em vórtice).

7)	Microcentrifugar a 12.*000* g durante 5 min e transferir 0,5 mL da fase superior para um novo tubo de microcentrifugação.

8)	Adicionar 1 mL de etanol a 100% à temperatura ambiente e inverter suavemente até se formar um precipitado de ADN (aproximadamente 1 min).

9)	Microcentrifugar a 12 *000* g durante 5 minutos e eliminar o sobrenadante.

10)	Adicionar 1 mL de etanol a 70% (-20°C) e inverter várias vezes. Esta lavagem com etanol remove o excesso de sal, que pode interferir com a PCR.

11)	Microcentrifugar a 12 *000* g durante 5 minutos e eliminar o sobrenadante.

12)	Rodar os tubos durante 5 s para recolher qualquer etanol remanescente no fundo do tubo. Remover as últimas gotas de etanol com uma pastilha fina.

13)	Secar ao ar à temperatura ambiente durante 10 a 15 minutos (mais tempo dificultará a redissolução do ADN).

14)	Ressuspender em 100 µL de tampão TE e incubar a 65°C durante 15 min para dissolver o ADN

4.6 Quantificação do ADN

A pureza do ADN isolado foi verificada espectrofometricamente num espetrofotómetro UV-Vis, verificando os valores 260/280 (Thompson e Dvorak, 1989; Muller et al., 2003). A concentração de ADN (ng/µl) foi calculada utilizando a fórmula

ADN (ng/µl) = DO @ A260 x 50 x 100 x 0,1

Em que DO @ A260 é a densidade ótica à absorvância de 260 nm

4.7 é o fator de cálculo

100 é o fator de diluição

0,1 é o volume total de ADN

4.8 Primers de PCR

Os primers de avanço e de retrocesso para os componentes de ADN do BBTV (R, S e M) foram sintetizados por encomenda a partir de uma sequência conhecida do BBTV registada na Índia. Estes são utilizados para a amplificação do componente de ADN do BBTV.

Primário direto para DNA-R	ADN-R (5'CAGGCGCACACCTTGAGAAA 3')
Primário inverso para DNA-R	ADN-R (5'GGAAGAAGCCTCTCATCTGC 3')
Primário direto para DNA-S	ADN-S (5'CAAGGTAI I ICGGATTGAAGCCT3')
Primário inverso para DNA-S	ADN-S (5'ACGGTGI I I ICAGGAACCAAT3')
Primário inverso para DNA-M	ADN-M (5ACTGGAGACGIAGAGπCGGCAG3')
Primário inverso para DNA-M	ADN-M (5'TGCCTCCGACAACTGCGTCC3')

4.9 Amplificação por PCR

As enzimas da polimerase, os adaptadores e os iniciadores foram adquiridos à Genie life science technology, Bangalore, Índia. A reação de PCR foi realizada com um termociclador Biorad MJPt100 (Bio-Rad Laboratories, Bangalore, Índia). Cada mistura de reação de PCR foi efectuada numa mistura de 50 µl de tampão de PCR 10x (10 mM Tris. HCl, pH 9,0, 50 mM KCl, 1,5 mM MgCl2, 0,1% Triton-X-100), 10 mM de trifosfatos de desoxirribonucleótidos (dNTPs), 2,5 unidades de Taq DNA polimerase, 10 µm de cada iniciador direto e inverso. Foi utilizado um µl de ADN modelo por 50 µl de reação de PCR.

As amplificações de PCR foram efectuadas numa dissociação inicial a 95°C durante 5 min. A amplificação foi efectuada em 20 a 40 ciclos de desnaturação da cadeia a 95°C durante 5 min, recozimento do iniciador a 55 a 70°C durante 30 s e extensão do iniciador a 72°C durante 1 min. A extensão final foi efectuada a 72°C durante 10 min. Os produtos da PCR foram armazenados a - 20°C num congelador. A eletroforese das amostras foi efectuada em géis de agarose, carregando 10 μl de cada amostra de ADN a 50 V durante 3 horas, para que o corante de rastreio se movesse adequadamente através do gel. Os géis foram posteriormente visualizados numa estação de acoplamento de gel e fotografados.

4.10 Sequenciação de dados

Os produtos da PCR foram limpos com o kit GenElute™ PCR Clean-Up (Sigma- Aldrich). Os produtos de PCR purificados foram sequenciados pelo método de terminação da cadeia de didesoxi (Sanger et al., 1977) utilizando o sequenciador capilar AB3730XL para as amostras de banana isoladas.

4.11 Alinhamento de sequências

As sequências de nucleótidos foram submetidas a BLAST de nucleótidos utilizando a base de dados Genebank Nucleotide no NCBI para homólogos utilizando o programa BLAST. A sequência de aminoácidos foi deduzida com a ferramenta de tradução de sequências EMBL EMBOSS sixpack e submetida a BLAST para proteínas.

4.12 Análise evolutiva filogenética e molecular

A análise filogenética e de evolução molecular foi efectuada com CLUSTAL W utilizando a matriz IUB para o alinhamento do ADN no programa Molecular Evolutionary Genetic Analysis (MEGA).

4.13 Análise estatística

Os resultados do inquérito foram analisados e a estatística descritiva foi efectuada utilizando o SPSS 12.0 (SPSS Inc., uma empresa IBM, Chicago, EUA) e os gráficos foram gerados utilizando o Sigma Plot 7 (Systat Software Inc., Chicago, EUA).

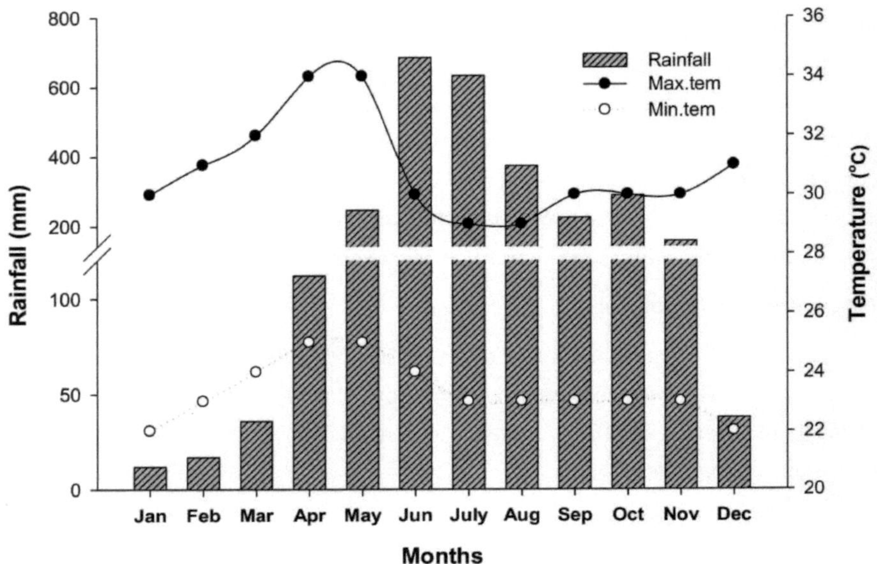

Figura 3. Precipitação média mensal (mm) e temperaturas máxima e mínima (°C) em Kerala, Índia (1871-2005; Krishnakumar et al., 2009). Trabalho dos autores.

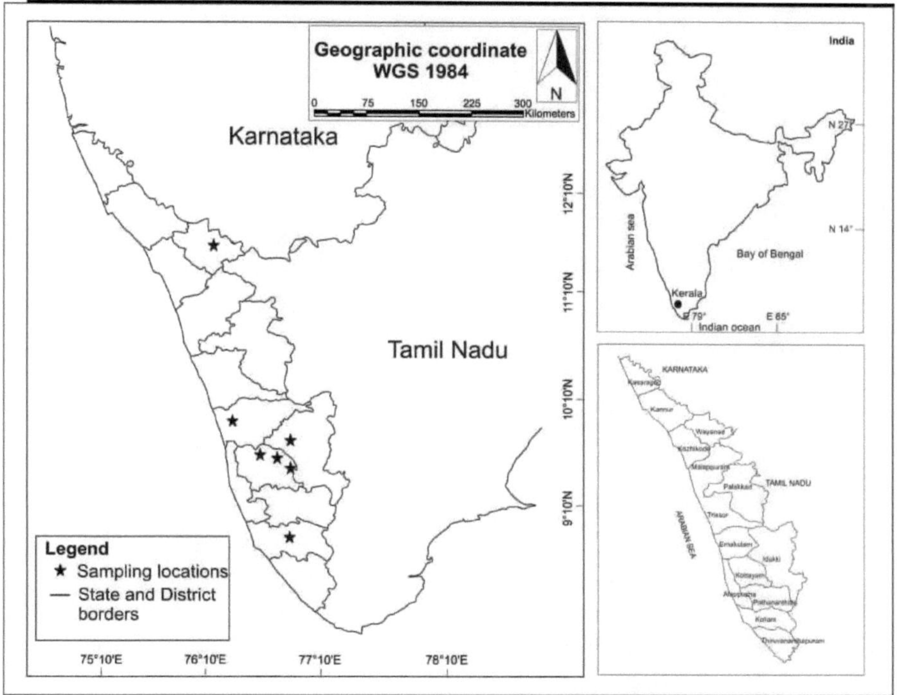

Figura 4. Mapa de Kerala com alguns dos pontos de recolha de amostras. Trabalho dos autores

Figura 5. Descrição de Musaceae a) banana robusta, b) banana palayankodan, c) banana njalipoovan, d) banana nendravazha, e) banana à venda em loja, f) flor e folhas de bananeira à venda. Foto cedida por cortesia (d, e, f): Wikipedia.

Figura 6. Descrição de Musaceae a) diferentes tipos de frutos de banana, b) banana cavandish, c) secção transversal de banana de tipo selvagem, d) e e) flor de banana, f) fruto de banana durante cerimónia de culto hindu. Foto cedida por cortesia: Wikipedia.

Figura 7. Recolha de amostras de várias plantas de bananeira infectadas a) Bvtv 3, b Bvtv 4, c) Bvtv 5, d) Bvtv 6, e) Bvtv 7, f) Bvtv 10. Imagens dos autores.

Figura 8. Recolha de amostras de várias bananeiras infectadas a) Bvtv 11, b Bvtv 12, c) Bvtv 13, d) Bvtv 14, e) Bvtv 15, f) Bvtv 16. Imagens dos autores.

Figura 9. Recolha de amostras de várias bananeiras infectadas a) Bvtv 17, b Bvtv 18, c) Bvtv 19, d) Bvtv 20, e) Bvtv 21, f) Bvtv 22. Imagens dos autores.

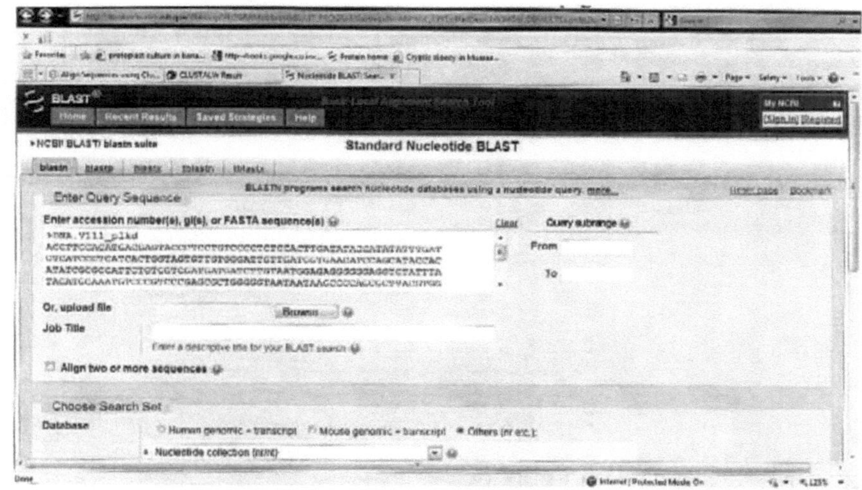

Figura 10. Página inicial do NCBI BLAST

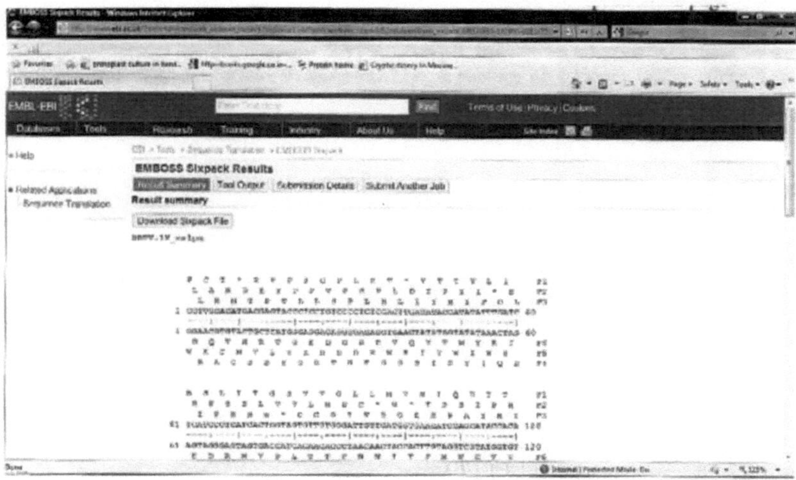

Figura 11. Página inicial da ferramenta de tradução de sequências EMBL-EBI EMBOSS Sixpack.

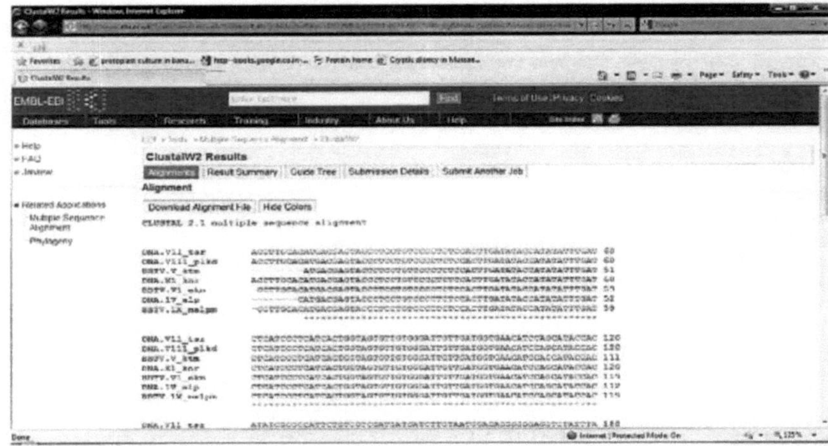

Figura 12. Alinhamento de sequências utilizando o ClustalW.

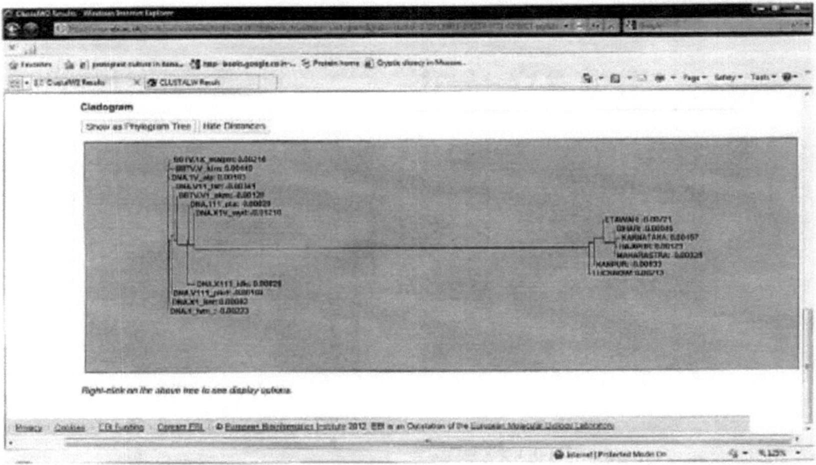

Figura 13. Cladograma criado com ClustalW.

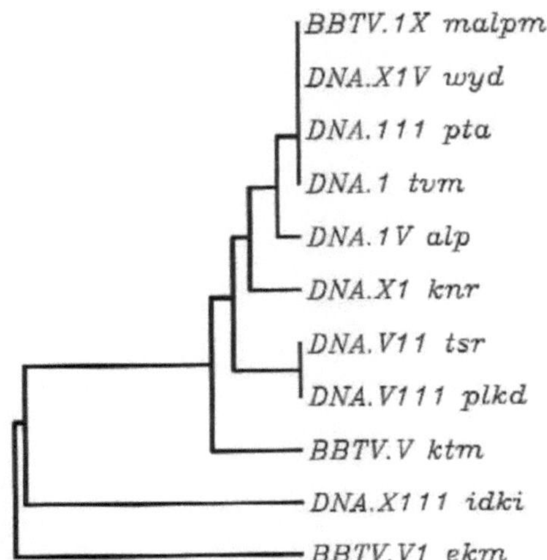

Figura 14. Árvore de ligação de vizinhos não enraizada de componentes de ADN-R de isolados de BBTV de Kerala.

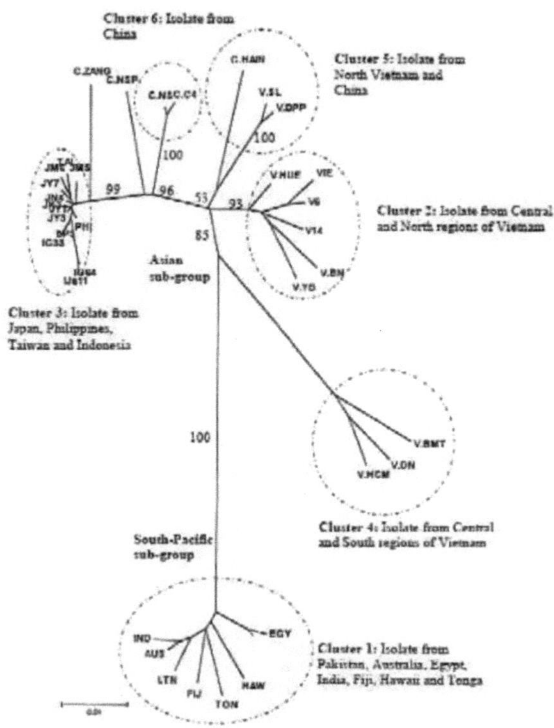

Figura 15. Árvore de ligação de vizinhos do ADN-R de comprimento total para o BBTV.

Quadro 1. Pormenores das amostras recolhidas em Kerala.

Nome da amostra	Variedades	Descrição	
		Local	Caraterísticas
Bbtv 1	Nendran	Trichur	Planta madura com sintomas
Bbtv 2	Chenkadali	Trichur	Criança de quatro meses com sintomas
Bbtv 3	Njalipoovan	Trichur	Chupadores com sintomas
Bbtv 4	Njalipoovan	Nilamboor	Chupadores com sintomas
Bbtv 5	Nendran	Nilamboor	Planta de seis meses com sintomas
Bbtv 6	Njalipoovan	Ernakulam	Planta-mãe e rebentos com sintomas
Bbtv 7	Nendran	Ernakulam	Chupadores com sintomas

Bbtv 8	Nendran	Palakkad	Planta de nove meses com sintomas
Bbtv 9	Nendran	Palakkad	Planta com nove meses de idade com sintomas nos rebentos
Bbtv 10	Njalipoovan	Trichur	Planta madura com sintomas
Bbtv 11	Robesta	Wynad	Plantas com quatro meses e rebentos com sintomas
Bbtv 12	Palayamkodan	Wynad	Planta de sete meses com sintomas
Bbtv 13	Chenkadali	Kottayam	Planta de oito meses com sintomas
Bbtv 14	Chenkadali	Idukki	Planta de cinco meses com sintomas
Bbtv 15	Robesta	Pattanamthitta	Planta de sete meses com sintomas
Bbtv 16	Njalipoovan	Alapuzha	Planta de sete meses com sintomas
Bbtv 17	Palayamkodan	Kollam	Planta de quatro meses com sintomas
Bbtv 18	Njalipoovan	Trivandrum	Planta de seis meses com sintomas
Bbtv 19	Njalipoovan	Kasargod	Planta de quatro meses com sintomas
Bbtv 20	Palayamkodan	Kasargod	Planta de sete meses com sintomas
Bbtv 21	Njalipoovan	Kannor	Planta de oito meses com sintomas
Bbtv 22	Njalipoovan	Kozhikode	Planta de três meses com sintomas

Quadro 2. Diferentes nomes vernáculos de *Musa xparadisiaca* na Índia.

Língua	Nomes
Nomes científicos	*Musa x paradisiaca*
Nome em várias línguas indianas	
sânscrito	-
Hindi	Kela
bengali	-
Marati	Kela
Kannada	-
konkani	-
Malayalam	Vaazha
Tamil	Vaazha
Telugu	-

5. Resultados e discussão

Foram utilizadas amostras de folhas colhidas no campo e plantas de cultura de tecidos dos laboratórios T C para testar o BBTV bt DAC-ELISA (utilizando o anticorpo BBTV).

Quadro 3. Leitura DAC-ELISA (utilizando o anticorpo BBTV) de amostras colhidas no campo e em plantas de cultura de tecidos.

Amostra	Descrição	Leitura ELISA	Observações
1	Amostra do laboratório TC (sem BBTD)	0.093	BBTV-ve
2	Amostra do laboratório TC (sem BBTD)	0.098	BBTV-ve
3	Amostra do campo (com sintomas de BBTD)	0.594	BBTV-ve
4	Amostra do campo (com sintomas de BBTD)	1.636	BBTV+ve
5	Amostra do campo (com sintomas de BBTD)	0.780	BBTV-ve
6	Amostra do campo (com sintomas de BBTD)	1.617	BBTV+ve
7	Amostra do campo (com sintomas de BBTD)	0.136	BBTV-ve
8	Amostra do campo (com sintomas de BBTD)	1.346	BBTV+ve
9	Amostra do campo (com sintomas de BBTD)	0.381	BBTV-ve
10	Amostra do campo (com sintomas de BBTD)	1.613	BBTV+ve
11	Em branco	0.000	
12	Amostra do laboratório T C (sem BBTD)	0.42	
13	Controlo positivo; amostra do campo (planta BBTD mantida em estufa).	1.077	

Valor limiar = 2 x valor médio do controlo negativo = 2 x 0,42 = 0,84

Os resultados mostraram que algumas amostras dão resultados positivos mesmo que não apresentem sintomas de BBTD. Em muitos casos, algumas amostras de poços diferentes apresentaram diferenças de valores. Assim, os resultados da deteção do BBTV são altamente influenciados pela leitura anormal resultante de reacções indesejadas. Verificou-se que os kits de deteção de vírus disponíveis não são tão eficazes para detetar (indexação de vírus) o VFCO.

5.1 Efeito da preparação de anticorpos no DAC-ELISA do VFCO

É difícil purificar o vírus a partir de tecido vegetal de bananeira infetado pelo vírus devido ao elevado teor de látex fenólico. Assim, o tampão de extração do vírus e o procedimento de extração têm uma influência importante na leitura do DAC-ELISA. Por vezes, foram utilizadas preparações virais impuras para a obtenção de anticorpos policlonais contra o BBTV. A variabilidade da sequência no gene da proteína de revestimento do BBTV também influencia a leitura ELISA. A distribuição do vírus na parte da planta afetada também varia. Assim, a carga viral das partes de plantas de bananeira afectadas varia, o que pode afetar a leitura ELISA.

Tabela 4. Efeito da preparação de anticorpos BBTV na leitura DAC-ELISA de bananeiras (saudáveis, com doença moderada e grave).

Preparação de anticorpos	Valor ELISA		
	Saudável	Doença moderada	Doença grave
Preparado em PBST-TPO	0,048/1,105	0.681/1.02	0.872/1.871
Preparado em planta extrato	0,002/0,009	0.196/0.613	0.571/1.368

Tabela 5. Efeito dos tampões de extração na leitura DAC-ELISA das plantas de bananeira (saudável, doença moderada e grave).

Tampão de extração	Valor ELISA		
	Saudável	Doença moderada	Doença grave
Tampão de revestimento (tampão de carbonato)	0.048/1.105	0.681/1.02	0.872/1.871

Tampão de revestimento + 0,1% Na-DIECA	-/-	0.603/1.325	0.796/1.562
Tampão Tris 0,5 M pH 7,5 + 0,1% Na- DIECA + 5% Surcose	-/-	-/0.206	-/0.934
Tampão Tris 0,5 M pH 7,5 + 0,1% Na- DIECA + 0,2% Soro bovino	-/-	-/-	-/-
Tampão Tris 0,5 M pH 7,5 + 0,1% Na- DIECA + 5% Surcose + 0,5% Leite desnatado	-/-	0.546/1.283	0.983/1.762
Tampão fosfato de potássio pH 7,4 + 0,5% Na2SO3	-/-	-/0.248	-/0.492

5.2 Efeito do tampão de extração e do tecido vegetal no DAC-ELISA do BBTV

A razão para os resultados inesperados é a reação não específica entre as preparações de anticorpos e os antigénios (proteínas) do extrato da planta. As impurezas na preparação do vírus são responsáveis pela reação não específica no teste ELISA. Os resultados indicaram que foram utilizadas preparações virais impuras para a produção de anticorpos policlonais contra o BBTV. O anticorpo preparado em extrato de planta reduziu os falsos resultados obtidos quando ocorreu a reação cruzada não específica.

Um bom tampão para a extração do BBTV é o tampão Tris 0,5 M (pH 7,5) suplementado com 0,1% de Na-DIECA + 5% de sacarose + 0,5% de leite desnatado ou o tampão de revestimento suplementado com 0,1% de Na-DIECA. O tampão de extração elimina as substâncias interferentes no látex de bananeira e estabiliza o extrato de vírus.

A partir dos resultados, concluiu-se que a primeira e a segunda folha, especialmente a nervura central da folha da bananeira com BBTD, contêm uma carga elevada de partículas virais. Assim, as nervuras centrais das folhas jovens emergentes revelaram-se o material ideal para a amostragem para deteção do BBTV por DAC-ELISA.

Tabela 6. Efeito do tecido vegetal na leitura DAC-ELISA de plantas de bananeira (saudável, doença moderada e grave).

Bananatissue	Valor ELISA		
amostra	Saudável	Doença moderada	Doença grave
Ponta da primeira folha	-/-	0.194/0.932	0.280/0.937
Primeira folha a meio da costela	-/-	0.238/1.023	0.619/1.928
Segunda folha	-/-	0.192/0.869	0.602/0.921
Segunda folha a meio da nervura	-/-	0.184/0.823	0.710/0.892
Terceira folha	-/-	-/0.113	-/0.143
Terceira folha a meio da nervura	-/-	-/0.082	-/0.120
Caule	-/-	-/-	-/0.123
Verme	-/-	-/-	-/-
Raízes	-/-	-/-	-/-

5.3 Isolamento de ADN

A extração de ADN com o método CTAB dá uma elevada concentração de ADN com boa pureza.

5.4 Construção de iniciadores de PCR para a amplificação do ADN-R, ADN-S e ADN-M para a identificação do BBTV

O cladograma é constituído por três clados distintos; o clado 1 mais elevado é constituído por C. Max2, C. Para os componentes do ADN do BBTV (R, S e M), foi concebido um par de iniciadores de oligonucleótidos a partir de sequências conhecidas do BBTV registadas na Índia.

5.5 Amplificação por PCR do ADN-R e do ADN-S

As condições de PCR bem sucedidas para a amplificação dos componentes R e S do ADN do VFCO foram as seguintes: passo de dissociação inicial a 95 °C durante 5 minutos, 94 °C durante 30 segundos, 65 °C durante 30 segundos, 72 °C durante 1 minuto e um passo de extensão final de 5 minutos a 72 °C.

5.6 Sequenciação do produto da PCR

Os produtos amplificados da PCR foram purificados e sequenciados utilizando o sequenciador de ADN ABI 377, seguindo o protocolo do fabricante. As sequências de nucleótidos foram submetidas a uma análise de explosão de nucleótidos utilizando a base de dados de nucleótidos Genbank no NCBI para a deteção de homólogos utilizando o programa BLAST. Os resultados do BLAST revelaram 98 a 100% de identidade com o DNA-R e o DNA-S do BBTV de vários isolados.

A sequência de aminoácidos deduzida com a ferramenta de tradução de sequências EMBL EMBOSS six pack e submetida a BLAST de proteínas mostrou uma elevada homologia (>95%) com a replicase e a proteína de revestimento do BBTV.

5.7 Análise filogenética

Foram utilizadas sequências de ADN de todo o ADN-R genómico do VFCO a partir da base de dados de nucleótidos no Genbank. As sequências dos componentes genómicos foram alinhadas no programa de alinhamento de sequências Clustal W, utilizando a matriz IUB para alinhamentos de ADN no programa MEGA (programa de análise da genética evolutiva molecular)

A análise dos componentes genómicos do DNA-R revelou dois subgrupos de BBTV em Kerala. Com base no ADN-R, verificou-se que os isolados de Kerala pertencem ao subgrupo do Pacífico Sul. A análise das sequências dos componentes genómicos revelou diferentes níveis de conservação das sequências, o que indica que estão sujeitos a diferentes graus de pressão evolutiva.

6. Conclusões

A análise dos componentes genómicos do ADN-R revelou subgrupos de BBTV em Kerala. Com base no ADN-R, verificou-se que o isolado de Kerala pertence ao subgrupo do Pacífico Sul. A análise das sequências dos componentes genómicos revelou diferentes níveis de conservação das sequências, o que indica que estão sujeitos a diferentes graus de pressão evolutiva. O estudo indicou um baixo nível de variabilidade genética associado à população de BBTV em Kerala, estimado através da sequenciação do ADN-R de onze isolados provenientes de diferentes partes de Kerala. O ADN-R é um componente mais conservado do que o ADN-S. O baixo nível de variabilidade genética tem um grande potencial para a utilização de abordagens moleculares para criar resistência artificial contra o BBTV e o ADN-R é o componente mais conservado e vital para o ciclo de vida do BBTV, estando envolvido na replicação de outros componentes.

Agradecimentos

Os autores agradecem a cooperação da direção do colégio Mar Augusthinose pelo apoio necessário. Este trabalho de investigação não seria possível sem o apoio técnico da Divisão de Biotecnologia Marinha, Instituto Central de Investigação das Pescas Marinhas (CMFRI), Kochi. Agradece-se também a assistência técnica de Binoy A Mulanthra.

7. Referências

Argüello-Astorga, G. R., Guevara-Gonzalez, R. G., Herrera-Estrella, L. R., & Rivera-Bustamante, R. F. (1994a). As origens de replicação de geminivírus têm uma organização específica de grupo de elementos iterativos: um modelo para replicação. *Virologia*, *203*(1), 90-100.

Argüello-Astorga, G., Herrera-Estrella, L., & Rivera-Bustamante, R. (1994b). Definição experimental e teórica da origem de replicação dos geminivírus. *Plant Molecular Biology*, *26*(2), 553-556.

Aritua, V., Parkinson, N., Thwaites, R., Heeney, J. V., Jones, D. R., Tushemereirwe, W. & Smith, J. (2008). Characterization of the Xanthomonas sp. causing wilt of enset and banana and its proposed reclassification as a strain of X. vasicola. *Plant Pathology*, *57*(1), 170-177.

Banerjee, A., Roy, S., Behere, G. T., Roy, S. S., Dutta, S. K., & Ngachan, S. V. (2014). Identificação e caraterização de um isolado distinto do vírus do topo do cacho da banana do grupo Pacific-Indian Oceans do Nordeste da Índia. *Virus Research*, *183*, 41-49.

Bawden, A. L., Glassberg, K. J., Diggans, J., Shaw, R., Farmerie, W., & Moyer, R. W. (2000). Sequência genómica completa do entomopoxvírus Amsacta moorei: análise e comparação com outros poxvírus. *Virology*, *274*(1), 120-139.

Beetham, P. R., Hafner, G. J., Harding, R. M., & Dale, J. L. (1997). Two mRNAs are transcribed from banana bunchy top virus DNA-1. *Journal of General Virology*, *78*(1), 229-236.

Beetham, P. R., Harding, R. M., & Dale, J. L. (1999). Os DNA-2 a 6 do Banana bunchy top virus são monocistrónicos. *Archives of Virology*, *144*(1), 89-105.

Bell, S. P., & Dutta, A. (2002). Replicação do DNA em células eucarióticas. *Annual Review of Biochemistry*, *71*(1), 333-374.

Briddon, R. W., Bull, S. E., Amin, I., Mansoor, S., Bedford, I. D., Rishi, N., ... & Markham, P. G. (2004). Diversidade do DNA 1: uma molécula semelhante a um satélite associada a complexos monopartidos de begomovírus-DNA β. *Virologia*, *324*(2), 462-474.

Burns, T. M., Harding, R. M., & Dale, J. L. (1995). The genome organization of banana bunchy top virus: analysis of six ssDNA components. *Journal of General Virology*, *76*(6), 1471-1482.

Carlier, J., Zapater, M. F., Lapeyre, F., Jones, D. R., & Mourichon, X. (2000). Septoria leaf spot of banana: uma doença recentemente descoberta causada por Mycosphaerella eumusae (anamorfo Septoria eumusae). *Phytopathology, 90*(8), 884-890.

Dale, J. L. (1987). Banana bunchy top: an economicically important tropical plant virus disease. *Advances in Virus Research, 33*, 301-325.

Davison, A. J. (2002). Evolution of the herpesviruses. *Veterinary Microbiology,86*(1), 69-88.

Dunn, C. W., Hejnol, A., Matus, D. Q., Pang, K., Browne, W. E., Smith, S. A. & S0rensen, M. V. (2008). Broad phylogenomic sampling improves resolution of the animal tree of life. *Nature, 452*(7188), 745-749.

Elayabalan, S., Subramaniam, S., & Selvarajan, R. (2015). Expressão dos sintomas da doença do topo do cacho da banana (BBTD) na banana e estratégias de resistência transgénica: A review. *Emirates Journal of Food and Agriculture, 27*(1), 55.

Fauquet, C. M., Mayo, M. A., Maniloff, J., Desselberger, U., & Ball, L. A. (Eds.). (2005). *Taxonomia dos vírus: VIIIth report of the International Committee on Taxonomy of Viruses.* Academic Press.

Forterre, P., & Philippe, H. (1999). Onde está a raiz da árvore universal da vida? *Bioessays, 21*(10), 871-879.

Gibbs, M. J., & Weiller, G. F. (1999). Evidence that a plant virus switched hosts to infect a vertebrate and then recombined with a vertebrate-infecting virus. *Proceedings of the National Academy of Sciences, 96*(14), 8022-8027.

Gorbalenya, A. E., Koonin, E. V., & Wolf, Y. I. (1990). A new superfamily of putative NTP-binding domains encoded by genomes of small DNA and RNA viruses. *FEBS Letters, 262*(1), 145-148.

Groenewald, S., Van Den Berg, N., Marasas, W. F., & Viljoen, A. (2006). A aplicação de AFLP de alto rendimento na avaliação da diversidade genética em Fusarium oxysporum f. sp. cubense. *Mycological Research, 110*(3), 297-305.

Gronenborn, B. (2004). Nanovírus: organização do genoma e função proteica. *Veterinary Microbiology, 98*(2), 103-109.

Harding, R. M., Burns, T. M., Hafner, G., Dietzgen, R. G., & Dale, J. L. (1993). A sequência de nucleótidos de um componente do genoma do vírus do topo do cacho da bananeira contém um gene putativo da replicase. *Journal of General Virology, 74*(3), 323-328.

Harper, G., Hart, D., Moult, S., & Hull, R. (2004). O Banana streak vírus é muito diversificado no Uganda. *Virus Research, 100*(1), 51-56.

Helliot, B., Panis, B., Poumay, Y., Swennen, R., Lepoivre, P., & Frison, E. (2002). Cryopreservation for the elimination of cucumber mosaic and banana streak viruses from banana (Musa spp.). *Plant Cell Reports, 20*(12), 1117-1122.

Herrera-Valencia, V. A., Dugdale, B., Harding, R. M., & Dale, J. L. (2007). Mapping the 5' ends of banana bunchy top virus gene transcripts. *Archives of Virology, 152*(3), 615-620.

Herrera-Valencia, V. A., Dugdale, B., Harding, R. M., & Dale, J. L. (2006). Uma sequência iterada no genoma do Banana bunchy top virus é essencial para uma replicação eficiente. *Journal of General Virology, 87*(11), 3409.

Horser, C. L., Harding, R. M., & Dale, J. L. (2001a). Banana bunchy top nanovirus DNA- 1 encodes the 'master'replication initiation protein. *Journal of General Virology, 82*(2), 459-464.

Horser, C. L., Karan, M., Harding, R. M., & Dale, J. L. (2001b). Additional Rep-encoding DNAs associated with banana bunchy top virus. *Archives of Virology, 146*(1), 71-86.

Hyder, M. Z., Shah, S. H., Hameed, S., & Naqvi, S. M. S. (2011). Evidência de recombinação no genoma do Banana bunchy top virus. *Infeção, Genética e Evolução, 11*(6), 1293-1300.

Jones, D. R. (2000). *Diseases of banana, abaca and enset.* Publicação CABI.

Karan, M., Harding, R. M., & Dale, J. L. (1994). Evidence for two groups of banana bunchy top virus isolates. *Journal of General Virology, 75*(12), 3541-3546.

Katul, L., Maiss, E., & Vetten, H. J. (1995). Análise da sequência de um componente de ADN do vírus do amarelo necrótico do feijão faba que contém um gene de replicase putativo. *Journal of General Virology, 76*(2), 475-479.

Katul, L., Timchenko, T., Gronenborn, B., & Vetten, H. J. (1998). Dez componentes circulares distintos de ssDNA, quatro dos quais codificam proteínas putativas associadas à replicação, estão associados ao genoma do vírus do amarelo necrótico do feijão faba. *Journal of General Virology, 79*(12), 3101-3109.

Krishnakumar, K. N., Rao, G. P., & Gopakumar, C. S. (2009). Rainfall trends in twentieth century over Kerala, India (Tendências da precipitação no século XX em Kerala, Índia). *Atmospheric Environment, 43*(11), 1940-1944.

Kurtzman, C. P., & Robnett, C. J. (2003). Relações filogenéticas entre leveduras do 'complexo Saccharomyces'determinadas a partir de análises de sequências multigénicas. *FEMS YeastR, 3*(4), 417-432.

Laufs, J., Jupin, I., David, C., Schumacher, S., Heyraud-Nitschke, F., & Gronenborn, B.

(1995). Geminivirus replication: genetic and biochemical characterization of Rep protein function, a review. *Biochimie*, *77*(10), 765-773.

Lazarowitz, S. G. (1999). Sondagem da estrutura e função das células vegetais com proteínas de movimento viral. *Current Opinion in Plant Biology*, *2*(4), 332-338.

Lazarowitz, S. G., & Beachy, R. N. (1999). Proteínas de movimento viral como sondas para o tráfico intracelular e intercelular em plantas. *The Plant Cell*, *11*(4), 535-548.

Lazarowitz, S. G., & Shepherd, R. J. (1992). Geminivírus: estrutura do genoma e função do gene. *Critical Reviews in Plant Sciences*, *11*(4), 327-349.

McGeoch, D. J., Cook, S., Dolan, A., Jamieson, F. E., & Telford, E. A. (1995). Molecular phylogeny and evolutionary timescale for the family of mammalian herpesviruses. *Journal of Molecular Biology*, *247*(3), 443-458.

Niagro, F. D., Forsthoefel, A. N., Lawther, R. P., Kamalanathan, L., Ritchie, B. W., Latimer, K. S., & Lukert, P. D. (1998). Genomas do vírus da doença do bico e da pena e do circovírus suíno: intermediários entre os geminivírus e os circovírus de plantas. *Archives of Virology*, *143*(9), 1723-1744.

Nickrent, D. L., Parkinson, C. L., Palmer, J. D., & Duff, R. J. (2000). Multigene phylogeny of land plants with special reference to bryophytes and the earliest land plants. *Molecular Biology and Evolution*, *17*(12), 1885-1895.

Ocfemia, G. O. (1930). Bunchy-top of abacà or manila hemp I. A study of the cause of the disease and its method of transmission. *American Journal of Botany*, 1-18.

Philippe, H., & Forterre, P. (1999). O enraizamento da árvore universal da vida não é fiável. *Journal of Molecular Evolution*, *49*(4), 509-523.

Robson, J. D., Wright, M. G., & Almeida, R. P. (2007a). Biologia de Pentalonia nigronervosa (Hemiptera, Aphididae) em banana utilizando diferentes métodos de criação. *Entomologia Ambiental*, *36*(1), 46-52.

Robson, J. D., Wright, M. G., & Almeida, R. P. (2007b). Efeito do tratamento foliar com imidaclopride e da idade da folha da bananeira na sobrevivência de Pentalonia nigronervosa (Hemiptera, Aphididae). *New Zealand Journal of Crop and Horticultural Science*, *35*(4), 415-422.

Rohde, W., Randles, J. W., Langridge, P., & Hanold, D. (1990). Nucleotide sequence of a circular single-stranded DNA associated with coconut foliar decay virus. *Virology*, *176*(2), 648-651.

Sanderfoot, A. A., & Lazarowitz, S. G. (1995). Cooperação no movimento viral: a proteína de movimento BL1 do geminivírus interage com BR1 e a redireciona do núcleo para a periferia da célula. *The Plant Cell*, 7(8), 1185-1194.

Sano, Y., Wada, M., Hashimoto, Y., Matsumoto, T., & Kojima, M. (1998). Sequências de dez componentes circulares de ssDNA associados ao genoma do vírus do nanismo da ervilhaca. *Journal of General Virology*, 79(12), 3111 -3118.

Selvarajan, R., Balasubramanian, V., & Sasireka, T. (2015). Um protocolo de extração de ácido nucleico simples, rápido e sem solventes para a deteção do vírus do topo do cacho da banana por reação em cadeia da polimerase e amplificação isotérmica mediada por loop. *Jornal Europeu de Patologia Vegetal*, 142(2), 389-396.

Selvarajan, R.,& Balasubramanian,V. (2014).Interações vírus-hospedeiro em vírus que infectam bananas. Em R. K. Gaur, T. Hohn, P. Sharma (Eds.), Abordagens moleculares de interação vírus-hospedeiro de plantas e evolução viral (pp. 57-78). Elsevier Academic Press.

Sudarshana, M. R., Wang, H. L., Lucas, W. J., & Gilbertson, R. L. (1998). Dynamics of bean dwarf mosaic geminivirus cell-to-cell and long-distance movement in *Phaseolus vulgaris* revealed, using the green fluorescent protein. *Molecular PlantMicrobe Interactions*, 11(4), 277-291.

Thangavelu, R., Palaniswami, A., & Velazhahan, R. (2004). Produção em massa de Trichoderma harzianum para a gestão da murcha de fusarium da bananeira. *Agriculture, Ecosystems & Environment*, 103(1), 259-263.

Thomas, J. E., & Dietzgen, R. G. (1991). Purificação, caraterização e deteção serológica de partículas semelhantes a vírus associadas à doença do topo do cacho da bananeira na Austrália. *Journal of General Virology*, 72(2), 217-224.

Timchenko, T., De Kouchkovsky, F., Katul, L., David, C., Vetten, H. J., & Gronenborn, B. (1999). A single rep protein initiates replication of multiple genome components of faba bean necrotic yellows virus, a single-stranded DNA virus of plants. *Journal of Virology*, 73(12), 10173-10182.

Timchenko, T., Katul, L., Aronson, M., Vega-Arreguin, J. C., Ramirez, B. C., Vetten, H. J., & Gronenborn, B. (2006). Infectividade de DNAs de nanovírus: indução de doença por componentes genómicos clonados do vírus do amarelo necrótico do feijão Faba. *Journal of general Virology*, 87(6), 1735-1743.

Vasiljeva, L., Merits, A., Auvinen, P., & Kaariainen, L. (2000). Identificação de uma nova função da atividade 5'-trifosfatase do RNA do AlphavirusCapping Apparatus de Nsp2. *Journal of Biological Chemistry*, *275*(23), 17281-17287.

Vetten, H. J., Chu, P. W. G., Dale, J. L., Harding, R., Hu, J., Katul, L. & Thomas, J. E. (2005). Nanoviridae. Elsevier-Academic Press.

Wanitchakorn, R., Hafner, G. J., Harding, R. M., & Dale, J. L. (2000a). Functional analysis of proteins encoded by banana bunchy top virus DNA-4 to-6. *Journal of General Virology*, *81*(1), 299-306.

Wanitchakorn, R., Harding, R. M., & Dale, J. L. (2000b). Sequence variability in the coat protein gene of two groups of banana bunchy top isolates. *Archives of Virology*, *145*(3), 593-602.

Wu, R. Y., & Su, H. J. (1990). Purificação e caraterização do vírus do topo do cacho da bananeira. *Journal of Phytopathology*, *128*(2), 153-160.